“十四五”职业教育国家规划教材

虚拟现实交互设计

基于 Unity 引擎 微课版

李永亮/编著

虚拟现实应用技术“十三五”规划教材

U0216407

人民邮电出版社

北京

图书在版编目（CIP）数据

虚拟现实交互设计：基于Unity引擎：微课版 / 李永亮编著． -- 北京：人民邮电出版社，2020.10
虚拟现实应用技术"十三五"规划教材
ISBN 978-7-115-53369-2

Ⅰ．①虚… Ⅱ．①李… Ⅲ．①游戏程序－程序设计－教材 Ⅳ．①TP311.5

中国版本图书馆CIP数据核字(2020)第021245号

内 容 提 要

本书详细介绍了虚拟现实应用开发工作中交互功能的实现技术。全书共6章，第1章介绍了Unity软件的用途、下载安装方法，以及项目资源的获取方法；第2章至第6章用5个翔实的案例，介绍了Unity项目开发流程、3D场景的创建、角色控制和道具拾取功能的实现、利用粒子特效和音效模拟真实效果、利用交互界面与角色互动的功能实现、角色动画的应用、角色之间的行为交互功能实现等技术内容。

本书采用项目驱动的方式组织教学内容，采用大量的图片对操作步骤进行详细说明，所有知识点都有机融合在项目实现过程中。全书内容丰富、系统性和应用性强，融入了作者多年教学和实践的经验及体会，能够使读者较快上手，跟随本书介绍的实践过程循序渐进地掌握虚拟现实交互功能的实现技术。

本书既可作为高职高专院校虚拟现实应用技术专业及相关专业的教材，也可作为广大虚拟现实内容开发者自学的中级进阶教材，还可作为从事虚拟现实项目开发的工程技术人员学习和应用的参考书。

◆ 编　著　李永亮
　　责任编辑　刘　佳
　　责任印制　马振武

◆ 人民邮电出版社出版发行　　北京市丰台区成寿寺路11号
　　邮编　100164　电子邮件　315@ptpress.com.cn
　　网址　https://www.ptpress.com.cn
　　三河市兴达印务有限公司印刷

◆ 开本：787×1092　1/16
　　印张：15.75　　　　　　　　2020年10月第1版
　　字数：440千字　　　　　　2025年1月河北第16次印刷

定价：49.80元

读者服务热线：(010)81055256　印装质量热线：(010)81055316
反盗版热线：(010)81055315
广告经营许可证：京东市监广登字20170147号

序言 PREFACE

最近接到李永亮的电话，说他写了一本关于虚拟现实的教材，邀请我作序。

李永亮是我兼任中国科学技术大学电子科学与技术系主任期间的博士研究生，他读研时的主要研究工作都与计算机仿真有关，程序设计和三维可视化是他在研究工作中常用的手段，虽然他毕业后没有选择专门从事科研工作，而是投身于职业教育领域，但读博期间的研究经历确实为他从事虚拟现实方面的教学创造了很好的条件。

问到为什么要写这本教材，他的理由是：实在找不到一本合适的教材，于是不得不自己写一本。在我的印象中，李永亮是一个态度认真、严谨的人，他说找不到合适的教材，一定不是夸张，而是他在实际教学工作中的真实感受。他所说的"合适的教材"是指：作为教材，首先在行文上让读者易于接受，不会因为其介绍的技术有难度就把读者吓跑；其次，内容应该尽量全面且系统，能够满足教学需求；再次，应该能够让读者边读边动手，在学的过程中有"产出"，让读者有成就感。

在浏览过他的书稿之后，我认为李永亮确实写出了一本"合适的教材"。翻开这本书的书稿，第一印象就是作者对读者"无微不至"的照顾——为了能够让读者更好的理解，书中使用了大量的插图，并且在大部分插图上都有详细的操作标注，与书中的正文相互呼应，大大降低了阅读的难度，我相信拿到这本书的读者，无论是任课老师还是学生，都会很愿意读下去。统观全书，内容是以项目的形式组织的，在每一个项目的开篇都点明了学习目标和项目需求，然后循序渐进，一步步的引导读者动手完成项目，在此过程中将相关概念、原理用尽量通俗易懂的表达方式展现出来——其内容能够支撑项目，说明知识的全面性和系统性是有保障的，而以项目的形式来组织内容本身就保证了读者能够有"产出"。

给自己以及自己的学生写教材，不为了业绩而东拼西凑，真正来源于教学又服务于教学，应该说少了浮躁，多了诚恳，希望他的这份诚恳，能够帮助到更多的教师和学生。

王也平

2020年元月7日于海

前言 FOREWORD

本书全面贯彻党的二十大精神，以社会主义核心价值观为引领，以二十大报告中提出的"实施科教兴国战略，强化现代化建设人才支撑"的思想为理念，使内容更好体现时代性、把握规律性、富于创造性，为建设社会主义科技强国添砖加瓦。

随着虚拟现实硬件的普及，虚拟现实应用开发成为近年来的热点技术，其中基于 Unity 平台的交互功能的设计和实现是相当重要的技术分支。本书以引导读者掌握虚拟现实应用软件的交互功能开发技术为主旨，以"做中学"为理念，将知识点有机融合在操作过程中，由浅入深、循序渐进地安排教学内容。在本书的引导下，初学者可以从零开始自己动手完成 5 个项目，在这个过程中逐渐掌握虚拟现实应用软件交互功能开发的基本流程和关键技术。而对于有一定基础的读者，本书在解决各项目的技术问题时采用的理念、方法、技巧，对实际项目的开发工作也具有参考意义。

本书建议采用理论实践一体化教学模式，参考学时见学时分配表。

学时分配表

章	课 程 内 容	学 时
第 1 章	走进 Unity 的世界	4
第 2 章	通过一个小游戏认识 Unity——星际冒险	8
第 3 章	3D 场景的创建——湖光山色	8
第 4 章	角色控制和道具拾取——坦克大战	12
第 5 章	粒子系统和音效——消防演练	12
第 6 章	交互界面、角色动画及战斗交互——异星猎手	20
学时总计		64

为了落实习总书记在二十大报告中提出"推进教育数字化，建设全民终身学习的学习型社会、学习型大国"的要求，本书配备了微课视频、电子教案、PPT、习题答案、项目素材及全部案例项目源代码等教学资源，供读者以及选用本书为教材的教师使用。便于教师建设在线开放课。

本书得到"中山职业技术学院教材建设项目"的资助，在此向编者所在的单位——中山职业技术学院表示感谢！

在本书的成稿与出版过程中，出版社的编辑同志以高度负责的敬业精神，付出了大量的心血。还有很多同行及专家提出了许多宝贵的意见，尤其是编者的博士生导师——现任中国科学院上海分院院长的王建宇院士，在百忙之中抽空审阅了书稿，并为本书撰写了序言。在此，向王院士致敬，并对所有提供过帮助的人表示衷心的感谢！由于编者水平所限，书中难免有纰漏之处，敬请各位读者与专家批评指正。

编者
2023 年 5 月

目录 CONTENTS

第6章

交互界面、角色动画及战斗交互——异星猎手.........144

第1章

走进Unity的世界

01

1.1 Unity 可以做什么

Unity 是一款极其适合用于开发虚拟仿真应用、虚拟现实作品、电子游戏、实时三维影片等多种交互内容的跨平台、综合型开发工具。在 Unity 开发环境中，开发者可以将三维模型、图片、音频、视频等多媒体资源整合到虚拟场景当中，并根据作品的需求利用脚本程序赋予用户（玩家）与虚拟场景中各物体进行交互、虚拟场景中的物体之间交互的能力。Unity 开发环境的作用如图 1-1 所示。

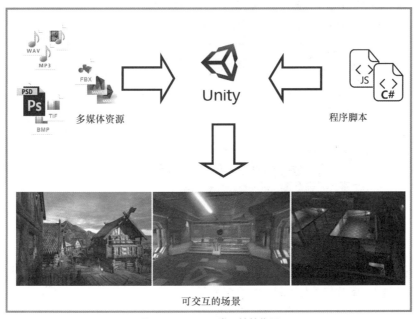

图 1-1　Unity 开发环境的作用

1.2 Unity 的下载、安装和激活

本节将介绍如何获取 Unity 安装包，以及安装和激活 Unity 个人版。

1.2.1 Unity 的下载

要想获取 Unity，可以登录 Unity 官方网站下载安装文件并安装。Unity 有个人版、专业版和加强版三种版本，以学习为目的的初学者用户可以使用免费的个人版，以商业盈利为目的的开发者用户则需要购买专业版或者加强版。用浏览器登录 Unity 的官方主页，并单击主页上的"购买 Unity"链接，即可跳转到 Unity 版本选择页面，如图 1-2 所示。

图 1-2　Unity 官方网站的版本选择页面

使用个人版的用户只需单击页面中的"试用个人版"按钮即可进入个人版下载页面，在确认满足个人版使用条件后，单击"下载 Windows 版安装程序"按钮下载 Unity 最新版本的安装文件，如图 1-3 所示。

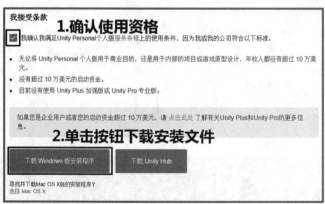

图 1-3　确认免费版使用资格并下载安装文件

如果因为计算机配置、项目需要等原因，要安装旧版本的Unity，则在下载页面的底部找到链接"Unity 旧版本"并单击进入旧版本的下载页面，如图 1-4 所示。

在 Unity 旧版本下载页面中，可以选择具体的版本，然后在下载下拉菜单中选择"Unity 安装程序"下载安装文件，如图 1-5 所示。

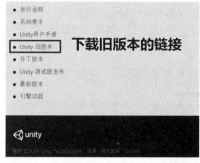

图 1-4　转到 Unity 旧版本下载页面的链接

图 1-5　选择具体的 Unity 旧版本并下载安装文件

1.2.2　Unity 的安装

从官方网站下载的"Windows 版安装程序"的名称为"UnityDownloadAssistant-xxx.exe"，其中符号"-"后面的"xxx"为具体的版本号，比如当下载的 Unity 版本为"Unity 2017.1.0"时，安装程序的文件名为"UnityDownloadAssistant-2017.1.0f3 .exe"。

Unity 的安装模式是"在线安装"，需要在计算机联网的情况下进行安装，安装程序会一边下载安装内容一边进行安装工作。用鼠标左键双击已经下载到硬盘中的安装程序即可开始安装，如图 1-6 所示。

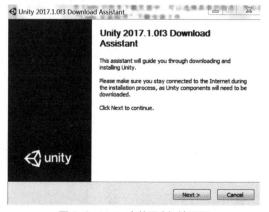

图 1-6　Unity 安装程序初始界面

单击"Next（下一步）"按钮进入"License Agreement（许可协议）"环节，将"I accept the terms of the License Agreement（我接受许可协议的条款）"选项选择后，再单击"Next"按钮进入下一步，如图 1-7 所示。

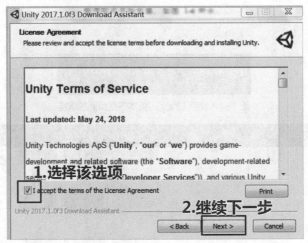

图 1-7　安装 Unity 的"License Agreement"环节

选择需要安装的组件，列表中的第一项即为 Unity 开发环境（包含 Unity 编辑器，如果安装版本为 2017 及更早的版本则还包括脚本开发环境 MonoDevelop），此外可选组件中还包含"Microsoft Visual Studio Community 2017（微软脚本开发环境）""Documentation（说明文档）""Standard Assets（标准资源）""Example Project（项目案例）""Android Build Support（安卓开发支持）""iOS Build Support（苹果 iOS 开发支持）"等，可根据需要进行选择。如果是初次安装该版本，则第一项为必选项；此外强烈建议将"Documentation"和"Standard Assets"也选上；如果安装 2018 及以上版本，则也应该选择"Microsoft Visual Studio Community 2017"；如果打算开发在手机等其他设备上的应用，则应根据要发布的平台选择"Android Build Support""iOS Build Support"等支持包。完成安装组件的选择后，单击"Next"按钮进入下一步，如图 1-8 所示。

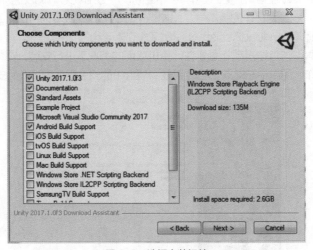

图 1-8　选择安装组件

选择安装包的下载保存位置和 Unity 软件的安装位置，如果需要保留每个组件的安装包以便在不联网的其他计算机上安装，则选择第二项"Download to"选项并选择一个保存位置，否则选择第一项。

然后选择 Unity 的安装位置，注意保存位置和安装位置应该选硬盘上不同的位置。该过程如图 1-9 所示。

图 1-9　选择保存位置和安装位置

再次单击"Next"按钮后则进入下载安装包并安装 Unity 的过程，需要等待较长的一段时间直到 Unity 各组件安装完成。当安装完成后，在计算机桌面会有启动 Unity 的快捷方式，用鼠标左键双击快捷方式即可启动 Unity。

1.2.3　Unity 的激活

初次运行 Unity，需要登录 Unity 账号并对刚安装的 Unity 软件进行激活。登录界面如图 1-10 所示，除了可以直接用 Unity 账号注册登录，还可以用 Google、Facebook 和微信账号登录，但无论用何种方式登录都需要绑定一个电子邮箱，因此建议注册一个 Unity 账号，单击登录界面中的链接"create one（创建一个）"转到注册界面。

图 1-10　Unity 的登录界面

在注册界面中输入自己的电子邮箱地址和 Unity 登录密码。特别需要注意的是，Unity 的登录密码要满足以下条件：至少有八个符号，其中至少包含一个大写字母、一个小写字母以及一个数字。输入用户名以及真实姓名（建议用英文或拼音），然后勾选两个复选框，最后单击"Create a Unity ID（创建一个 Unity 账号）"，如图 1-11 所示。

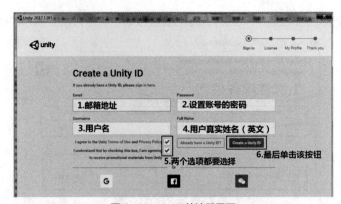

图 1-11　Unity 的注册界面

　　然后安装界面会转到如图 1-12 所示的窗口，提示用户登录刚才所填写的电子邮箱去查看 Unity 发来的确认邮件，并通过单击邮件中的链接完成注册过程。如果没有收到确认邮件，则可以回到图 1-12 所示的窗口单击链接 "Re-send confirmation email（请求重发邮件）"。

图 1-12　Unity 的注册后提示界面

　　完成注册后，单击图 1-12 中的 "Continue" 按钮回到登录界面，输入电子邮件地址和密码，单击 "Sign In" 按钮登录 Unity，进入激活界面，选择右侧的 "Unity Personal（个人版）" 选项，确认将 Unity 激活为免费的个人版，然后单击 "Next" 按钮，如图 1-13 所示。

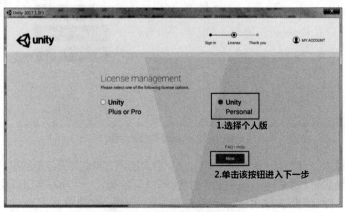

图 1-13　Unity 的激活界面

Unity 会弹出个人版使用资格确认界面，如图 1-14 所示，根据自身状况做出选择后单击"Next"按钮，稍等片刻后即可完成激活过程。

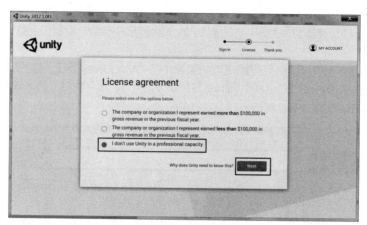

图 1-14　个人版使用资格确认

完成激活后的提示界面如图 1-15 所示，单击"Start Using Unity（开始使用 Unity）"按钮即可开始使用 Unity。

图 1-15　激活成功界面

1.3　获取资源的途径

一个 Unity 项目离不开各种"资源"，本节将介绍各种"资源"的获取途径。

1.3.1　什么是资源

对于 Unity 来说，"资源"就是指可以运用在游戏或者虚拟现实项目中的一切文件。一个"资源"可以是 Unity 之外的软件创建的文件，比如 3D 模型、音频、视频、图片等任何 Unity 支持的文件类型；也可以是在 Unity 中创建的特有的文件，比如场景、程序脚本、预制体、动画控制器、寻路网格等。

1.3.2　从 Unity 的"Assets Store"获取资源

Unity 软件具有"Assets Store（在线资源商店）"，商店中提供了极其丰富的各类资源，既有 Unity

公司的免费官方资源，也有广大 Unity 用户提供的免费或者收费的优秀资源。任何一个 Unity 用户都可以从资源商店中购买并下载项目所需的资源，也可以将自己在开发项目过程中创作的资源放到资源商店中出售。

本小节将以"3D 坦克模型"为例，介绍从 Unity 资源商店中搜索、查看和下载资源的方法。

1. 搜索资源

在 Unity 编辑器界面中，用鼠标左键单击功能菜单中的"Windows（窗口）"项再选择菜单项"Asset Store"，或者按下键盘组合键"Ctrl+9"，即可打开"Assets Store"窗口，适当调整窗口宽度使窗口中的搜索栏完整显示，如图 1-16 所示。

图 1-16　Unity 资源商店窗口

"Asset Store"中的资源包括 3D、2D、插件、必备工具、模板、工具和 VFX 七个分类，每个分类下面又包含若干子分类，用鼠标左键单击搜索框左侧的"所有资源"菜单，可以在下拉菜单中查看并选择要搜索的资源类别。由于"3D 坦克模型"属于 3D 模型，因此应该在"所有资源"菜单中选择"3D"选项，然后在搜索框中输入坦克的英文单词"tank"并按"回车"键或者用鼠标左键单击搜索框右侧的查找按钮，稍等片刻后窗口中将会显示搜索的结果，如图 1-17 所示。

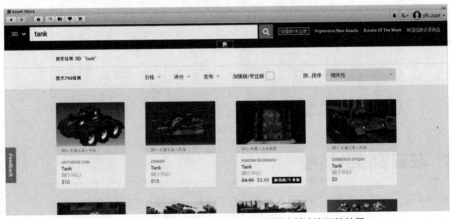

图 1-17　Unity 资源商店中根据分类和关键字搜索资源的结果

在搜索结果上方显示了结果的数量，界面中提供了根据价格、评分、发布时间、是否加强版或专业版专用等方式对结果进行筛选的工具，还提供了根据相关性、热门程度、名称、价格、评价、最近更新等方式对结果进行排序的工具，如图 1-18 所示。

比如要筛选价格在 0 到 10 美元之间，评分为五星级的结果，并将结果按照评价由高到低排序，则可以用鼠标左键单击"价格"菜单并在下拉小窗口中调整价格区间再用鼠标左键单击"申请"按钮，然后用同样方式在"评分"菜单中选择"5 星"，在"按...排序"下拉菜单中选择"评价"，最后得到筛选和排序后的结果。操作过程如图 1-19 所示。

图 1-18　Unity 资源商店中对搜索结果进行处理的工具

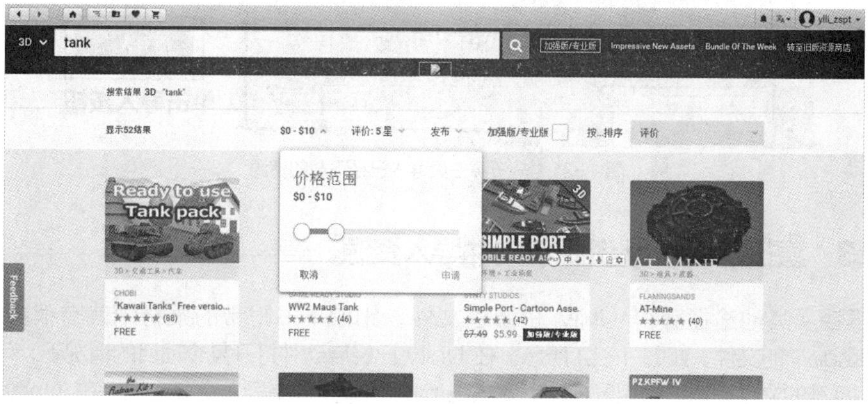

图 1-19　筛选搜索结果

2. 下载并导入资源包

下面介绍如何下载和导入资源包。以下载和导入搜索结果中的第一个资源为例，该资源名为"Kawaii Tanks Free version 1.1"，是一款五星级免费资源。用鼠标单击资源画面，进入该资源的主页，主页上有该资源的详细图文介绍。用鼠标左键单击主页上的"下载"按钮即可开始下载资源包，如图 1-20 所示。

图 1-20　资源的主页

当资源包下载完成后，按钮上的文字将变为"导入"，此时再用鼠标左键单击"导入"按钮，则弹出"Import Unity Package（载入 Unity 资源包）"窗口，在该窗口中可以选择需要导入的文件，默认情况下资源包中的所有文件都处于被选中状态，此时再用鼠标左键单击"Import（载入）"按钮即可将资源包中已选中的所有文件导入到当前 Unity 项目中，具体过程如图 1-21 所示。

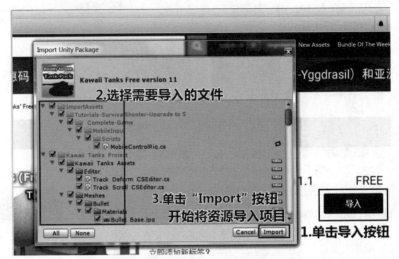

图 1-21 从资源主页导入已经下载的资源

1.3.3 直接从 Unity 资源包文件导入资源

有时候会从其他途径获得 Unity 资源包文件，比如本书附带的素材中就有很多扩展名为 "unitypackage" 的文件，如图 1-22 所示。在 Unity 已经启动并打开某个项目的情况下，可以直接在 Windows 系统的文件浏览器中用鼠标左键双击 Unity 资源文件来导入资源，或者在 Unity 编辑器的 "Project（项目）"窗口中用右键菜单中的"Import"命令来选择资源文件并导入资源，具体操作方法会在后续章节中详细讲解。

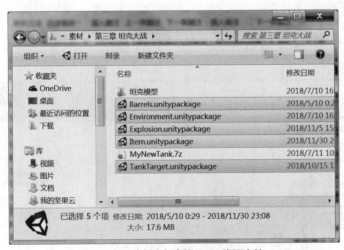

图 1-22 素材中包含的 Unity 资源文件

1.3.4 将自己创作的 3D 模型导出为适用于 Unity 的"FBX"文件

3D 模型是 Unity 项目中最常用的资源，可以通过 3ds Max、Maya 和 Blender 等建模软件来创建，并导出成"FBX"文件后加载到 Unity 中。通过这个途径，开发者可以将自己设计的模型应用到 Unity 项目中。本小节以 3ds Max 为例，介绍如何将模型导出为最适用于 Unity 的"FBX"文件。

在 3d Max 中完成模型的设计后，按键盘组合键"Ctrl+A"使整个模型被选中，然后单击界面左上角的"3ds Max"图标并在下拉菜单中选择"导出->导出"选项，如图 1-23 所示。

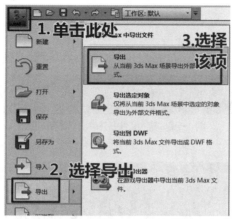

图 1-23　在 3ds Max 中选择导出模型指令

在弹出的"选择要导出的文件"窗口中选择保存位置、保存类型，要确保保存类型为"Autodesk(*.FBX)"，如图 1-24 所示，再在"文件名"一栏输入文件的名称，然后单击窗口右下角的"保存"按钮，如图 1-25 所示。

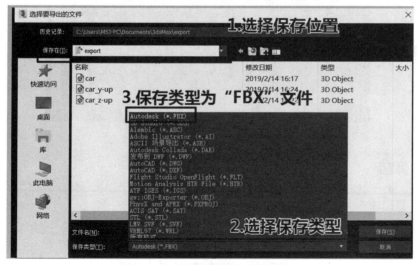

图 1-24　选择保存位置和文件类型

接着会出现"FBX 导出"窗口，在该窗口中展开"摄影机""灯光""嵌入的媒体"以及"高级选项->轴转化"栏目，取消"摄影机"选项和"灯光"选项的勾选状态，而将"嵌入的媒体"选项勾选，并将"向上轴"设置为"Y 向上"，然后单击窗口右下角的"确定"按钮完成设置并开始导出文件，如图 1-26 所示。

此时可到刚才选择的保存位置查看导出的"FBX"文件，如图 1-27 所示。

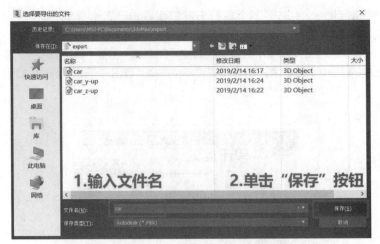

图1-25　输入文件名并单击"保存"按钮

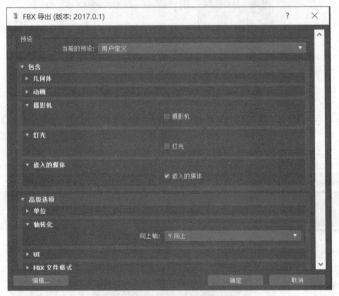

图1-26　"FBX"导出设置

图1-27　在保存位置可找到导出的"FBX"文件

按本节介绍的方法导出的"FBX"文件能够最大限度地保留模型文件的各种信息，特别是动画、材质和贴图。将正确导出的"FBX"文件导入 Unity 后，Unity 会自动在文件所在路径下生成贴图文件夹"<'FBX'文件名称>.fbm"和材质文件夹"Materials"，如图 1-28 所示。

图 1-28　正确导出的"FBX"文件导入 Unity 后的状况

1.4　本章小结

本章介绍了 Unity 的主要功能及其下载、安装和激活的方法，并介绍了获取项目开发所需资源的方法。还特别介绍了如何将自己创作的 3D 模型导出为适用于 Unity 的"FBX"文件。

1.5　习题

1. 关于 Unity 的激活，以下做法或者说法错误的是（　　）。
A. 需要注册一个 Unity 账号用于激活
B. 可以使用破解补丁进行破解
C. 以非营利目的使用 Unity 时，可以选择个人版
D. Unity 的个人版是免费的
2. （　　）不属于 Unity 项目中的资源。
A. Unity 脚本文件
B. FBX 格式的模型文件
C. PNG 格式的图片
D. DOC 格式的文档
3. 从 3ds Max 导出"FBX"文件应用到 Unity 项目中时，为了得到最好用的"FBX"文件，（　　）选项必不可少。
A. 嵌入媒体
B. 不要灯光
C. 不要摄影机
D. 轴转换

1.6　中英文对照表

英文单词	中文释义
Assets Store	资源商店
Create a Unity ID	创建一个 Unity 账号

（续表）

英文单词	中文释义
Create One	创建一个（账号）
Download to	下载到（何处）
I accept the terms of the License Agreement.	我接受许可协议中的条款。
Import	载入
Import Unity Package	载入 Unity 资源包
License Agreement	许可协议
Material	（模型的）材质
Next	下一步
Project	项目
Sign In	登录

第2章
通过一个小游戏认识Unity
——星际冒险

02

2.1 项目概览

本章将通过一个小游戏《星际冒险》（Space Shooter）来介绍 Unity 项目和场景的创建及资源的管理方法，同时让读者能够感受一个 Unity 作品的开发总体流程。

2.1.1 学习目标

了解 Unity 中"项目"和"场景"的概念以及它们的关系。

了解 Unity 中"游戏物体"和"组件"的概念以及它们的关系。

初步了解"预制体"的概念及其使用方法。

了解"Transform""Rigibody""Collider"三种组件的作用。

了解 Unity 脚本的作用。

掌握项目和场景的创建方法。

掌握外部资源导入和使用方法。

熟悉一个基于 Unity 的交互作品的开发总体流程。

2.1.2 项目需求

在本项目中，玩家以俯瞰视角操控一个宇宙飞船在星际空间中冒险，玩家需要控制飞船躲避前方不断出现的各种陨石，避免因碰撞而使飞船爆炸。游戏画面效果如图 2-1 所示，其中左侧为游戏运行画面，右侧为飞船不幸碰到陨石后爆炸的画面。

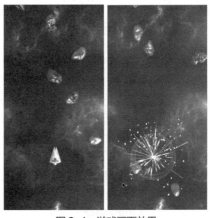

图2-1 游戏画面效果

2.2 项目和场景的创建

本节将介绍 Unity 中"项目"和"场景"的概念，并引导读者创建第一个项目以及该项目的场景。

2.2.1 项目和场景的概念

从内容上来说，一个"项目（Project）"就是一个作品。众所周知，一个游戏或者虚拟现实应用总是由一个或者多个"关卡"构成的，这样的一个个"关卡"可以统称为"场景（Sence）"。在 Unity 中，一个场景对应一个场景文件。

从文件结构上来说，Unity 的一个项目对应硬盘上的一个文件夹，如图 2-2 所示，文件夹的名称即该项目的名称，而在项目的文件夹中有两个不可或缺的文件夹，分别是"Assets（资源）"文件夹和"ProjectSettings（项目设置）"文件夹。其中"Assets"文件夹中存放的是这个项目要用到的所有资源，包括场景文件、程序脚本、模型、材质、贴图等；"ProjectSettings"文件夹中则存放着开发者在这个项目的开发过程中设置的各项数据。

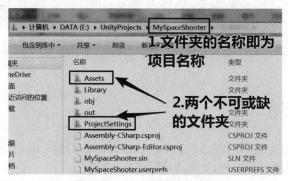

图 2-2　Unity 项目的文件结构

注意：对 Unity 项目资源的管理应该统统在 Unity 编辑器中进行，而不应该随意在硬盘上删改 Unity 工程文件夹中的"Assets"和"ProjectSettings"两个文件夹中的任何文件。如果需要从硬盘的某一个位置"搬运"一个 Unity 工程到另一个位置，或者"搬运"到其他计算机的硬盘上，则只需要保留"Assets"和"ProjectSettings"两个文件夹及其中的所有文件即可，项目文件夹中的其他文件、文件夹都可以删除，Unity 会在打开项目时重新生成其他文件。

2.2.2 项目和场景的创建

1. 创建新 Unity 工程

要创建一个 Unity 工程，可以在 Unity 启动后出现的对话框中单击"New"，如图 2-3 所示。如果有一个工程处于打开状态，而又需要创建一个新的工程，则可以在 Unity 的菜单栏中单击"File（文件）->New Project（新项目）"选项，将出现图 2-4 所示的窗口。

在图 2-4 所示的界面输入项目名称"MySpaceShooter"，选择项目存放的位置，并选择项目类型（2D 或者 3D），本项目要制作的是一款 3D 游戏，因此要选择"3D"。然后单击"Create Project（创建项目）"按钮即可创建名为"MySpaceShooter"的新项目。

Unity 常用
基本操作
和概念

2. 认识 Unity 界面

项目创建成功后，默认情况下呈现的 Unity 界面如图 2-5 所示（可能因软件版本的不同而有所差异），其中：

图 2-3　新建 Unity 工程

图 2-4　新建 Unity 工程的设置

• 左上角"Hierarchy（层级）"窗口显示的是当前场景中所有游戏对象的列表，如果使用的是
Unity 2017 以上的版本，可以看到 Unity 已经创建了一个名为"Untitled"的场景，即"未命名的
场景"；

• 中上位置的"Scene（场景）"窗口为场景编辑界面，可以在这个窗口中观察和编辑当前场景中
的所有游戏对象；

• 右边的"Inspector（检视）"窗口用于展示场景中某个被选中对象的所有组件及其属性，"组件"
是构成游戏对象的功能单元，会在以后的章节中详细解释；开发者可以在"Hierarchy"窗口或"Scene"
窗口用鼠标左键单击一个对象从而使之处于被选中状态，此时该对象的所有组件及其属性就会显示在
"Inspector"窗口中，并且在这个窗口中可以对组件及其属性进行编辑操作；

• 中上位置与"Scene"窗口重叠的"Game"窗口是预览界面，可以在这个窗口中以玩家的视角
观察场景的实时画面；

• 下方的"Project"窗口则为项目资源管理界面，可以在这个窗口中管理当前项目的所有资源；

• 下方与"Project"窗口重叠的"Console"窗口为控制台界面，在游戏或 VR 作品制作过程中如
果出现警告或者错误信息，都会显示在这个窗口中。

Unity 的所有窗口都可以随意用鼠标左键拖曳和释放，从而按照开发者的意愿重新排布窗口的位置。
如果希望 Unity 的界面恢复默认状态，只需要在功能菜单栏中选择"Window->Layouts（布局）
->Default（默认）"选项即可，如图 2-6 所示。此外"Window->Layouts"子菜单项还提供了"2 by
3""4 Split""Tall""Wide"等选项，可以供开发者快速将 Unity 界面排布为特定的状态。

图 2-5　Unity 界面

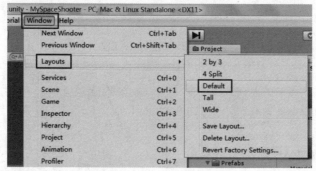

图 2-6　恢复 Unity 默认界面状态的功能菜单选项

3. 创建并保存 Unity 场景

默认情况下，Unity 会为新项目创建一个名为"Untitled"的场景。如果需要再创建一个场景，可在 Unity 的功能菜单中选择"File->New Scene"选项，或者在键盘上按组合键"Ctrl+N"，如图 2-7 所示，从而创建出一个新的"未命名场景"。

新创建的场景应该立即保存在硬盘上：在 Unity 功能菜单中选择"File->Save Scene"选项，或者在键盘上按组合键"Ctrl+S"，在弹出的"Save Scene"窗口选择保存位置并设置场景的名称为"MySpaceShooter"，如图 2-8 所示。场景文件的默认保存位置是项目文件夹下的"Assets"文件夹。

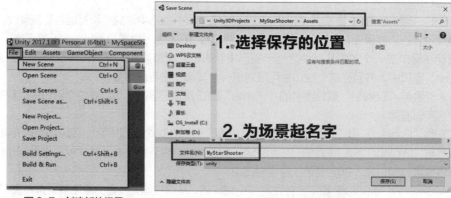

图 2-7　创建新的场景　　　　　　　　　　　图 2-8　保存场景

4. 对 Unity 项目的资源进行分类管理

为了便于管理，应当将项目资源进行分类管理，用不同文件夹存储不同类型的文件，比如用

"Scenes"文件夹存放场景文件,用"Scripts"文件夹存放脚本文件,用"Models"文件夹存放模型文件,用"Materials"文件夹存放材质文件,用"Textures"文件夹存放贴图,用"Prefabs"文件夹存放预制件等。一个比较规范的资源分类管理案例如图 2-9 所示。

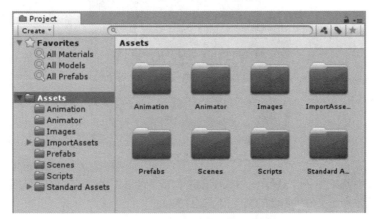

图 2-9　项目资源分类管理的典型案例

5. 在"Project"窗口中创建"Scenes"文件夹

在"Project"窗口的"Assets"文件夹空白处单击鼠标右键,在弹出菜单中选择"Create->Folder"选项,如图 2-10 所示。

在新文件夹的名称栏中输入其名称"Scenes"并按"回车"键,如图 2-11 所示。如果需要修改文件夹(或者某个文件)的名称,可以在文件夹(或文件)的名称上单击鼠标左键并在大概 1 秒后再次单击鼠标左键,则文件夹(或文件)的名称将处于图 2-11 所示的可编辑状态,即可更改名称。

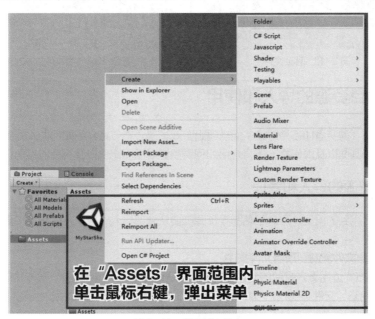

图 2-10　创建新文件夹

6. 将场景文件移动到"Scenes"文件夹中

创建好"Scenes"文件夹后,用鼠标左键将场景文件"MySpaceShooter"拖曳到"Sences"文件夹并释放,可将其移动到该文件夹中,如图 2-12 所示。

图2-11　修改文件夹名称

完成整理后的状态如图2-13所示，用鼠标左键单击"Project"窗口左侧的文件结构表中的文件夹，可以在窗口右侧查看所选文件夹包含的文件和子文件夹。

图2-12　移动文件

图2-13　查看文件夹中的文件

2.3　项目资源的导入和使用

场景被创建后，需要添加各种对象从而搭建出游戏场景。本节将介绍如何导入外部资源，并利用资源创建飞船、背景画面以及障碍物，还将介绍如何调整游戏画面比例以及玩家的视角。

2.3.1　资源的导入和管理

项目作品中要用到的模型、声音和贴图等资源需要从外部导入，导入方式分为"直接复制"和"从资源包导入"两种。

1. 直接将资源文件复制到项目文件夹中

"直接复制"方式适用于未打包的分散资源，比如通过建模工具创建的"FBX"文件，又比如硬盘上本来就有的"mp3"文件、"png"文件等，操作方法为：直接复制到项目文件夹的"Assets"文件夹或者其子文件夹中。

以导入模型文件"vehicle_enemyShip.fbx"为例，具体操作方法为：在Unity"Project"窗口"Assets"文件夹中的"Models"文件夹上单击鼠标右键，在弹出菜单中选择"Show in Explorer"，如图2-14所示。

图 2-14　用 Windows 文件管理器打开文件夹"Models"

弹出的 Windows 文件管理器窗口如图 2-15 所示。

图 2-15　在 Windows 文件管理器中显示的"Models"文件夹

将飞船的模型文件"vehicle_enemyShip.fbx"复制到"Models"文件夹中，如图 2-16 所示。

图 2-16　将模型文件"vehicle_enemyShip.fbx"复制到"Models"文件夹中

此时回到 Unity 的"Project"窗口，可以在文件路径"Assets\Models\"下看到载入的模型"vehicle_enemyShip"及自动生成的"Materials"文件夹，如图 2-17 所示。

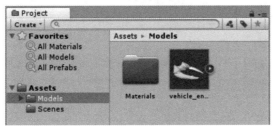

图 2-17　用"直接复制"法导入模型后的效果

2. 从资源包导入资源

"从资源包导入"方式适用于将扩展名为"unitypackage"的资源包文件中包含的所有资源导入项目中。在导入之前，应当将资源包文件存储在纯英文的文件路径下，如图 2-18 所示。

图 2-18　存储资源包的文件路径中没有中文符号

下面以导入本章素材中的资源包"Space Shooter"为例，介绍具体的导入方法。在"Project"窗口"Assets"文件夹中的界面空白处单击鼠标右键，在弹出菜单中选择"Import Package->Custom Package（自定义资源包）"，如图 2-19 所示。

在弹出的"Import New Asset"窗口中找到存储在硬盘中的资源包文件"Space Shooter. unitypackage"，如图 2-20 所示。

在"Import Unity Package"窗口中单击"All"按钮，再单击"Import"按钮将资源包中的所有文件导入项目中，如图 2-21 所示。

导入成功后的效果如图 2-22 所示。

图 2-19　在右键菜单中选择"导入外部资源包"

图 2-20　选择资源包文件

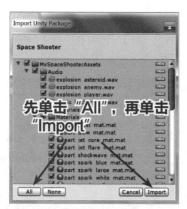

图 2-21 选择要导入的资源并确认

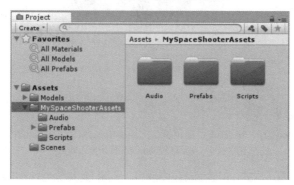

图 2-22 资源包导入成功后的效果

2.3.2 制作玩家控制的飞船

1. 打开场景并加载飞船对象

在"Project"窗口的文件路径"Assets\Scenes\"中用鼠标左键双击场景文件"MySpaceShooter"，从而打开该场景，此时 Unity 界面窗口的标题栏中会显示当前打开的场景文件的名称，如图 2-23 所示。

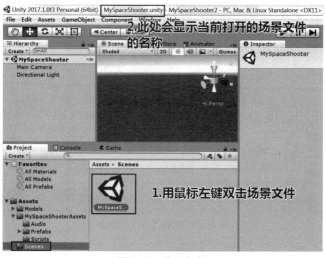

图 2-23 打开场景

从"Project"窗口的"Assets（资源）\Models（模型）\"文件路径下将模型文件"vehicle_player Ship"用鼠标左键拖曳到"Hierarchy"窗口，即可在场景中增加一个名字为"vehicle_playerShip"的对象，用鼠标左键双击该对象即可在"Sence"窗口看到飞船的外观，如图2-24所示。

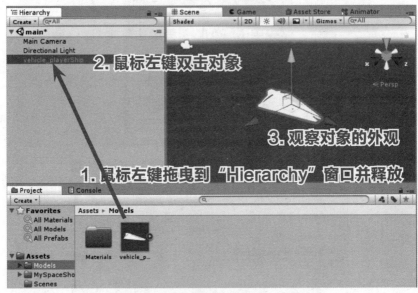

图2-24　将玩家控制的飞船模型导入场景中

此时飞船的形状轮廓是正常的，但表面都是白色的，没有任何其他色彩，这说明"FBX"文件中并没有包含贴图文件。出现这种情况是因为模型的制作者在建模软件中导出"FBX"文件时没有选择"嵌入媒体"选项，需要Unity开发者自行将贴图导入项目并创建材质后应用到模型上才能恢复模型原本的面貌。

2. 查看飞船对象的组件

用鼠标左键单击"Hierarchy"窗口中的"vehicle_playerShip"对象使之处于被选中状态，再到"Inspector"窗口查看其功能组件，如图2-25所示。

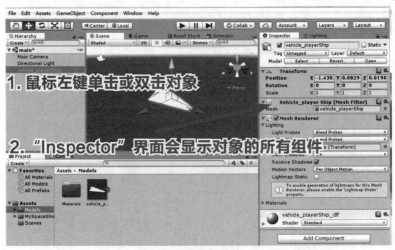

图2-25　查看飞船对象的组件

此时"Inspector"窗口中显示的是"vehicle_playerShip"对象的所有组件。组件是构成游戏物体的功能单位，"vehicle_playerShip"对象此时具有的各组件的详细说明如表2-1所示。

表 2-1　　　　　　　　　　　　　　　　　　　组件功能说明

组件名称	功能说明
Transform	所有 Unity 游戏对象都具备的组件，该组件决定了对象在三维空间中的位置、姿态、缩放比例，可以通过改变其中的属性值实现对象的移动、旋转、大小变化等功能
Mesh Filter	所有看得见的 Unity 游戏对象都具备的组件，该组件决定了对象所呈现出来的具体形状，其中的 Mesh 属性就是模型的网格数据
Mesh Renderer	所有看得见的 Unity 游戏对象都具备的组件，该组件决定了对象所呈现出来的视觉效果，其中包括使用那种材质以及如何受场景中光源的影响

从表 2-1 中可知，要想恢复"vehicle_playerShip"对象的原本面貌，必须给模型的"Mesh Renderer"组件所使用的材质设置正确的贴图。

3. 创建"Textures"文件夹并导入贴图文件

在"Project"窗口的"Assets"文件夹上单击鼠标右键后在弹出菜单中选择"Create->Folder"选项，如图 2-26 所示。

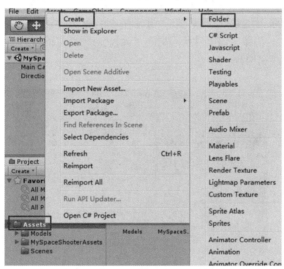

图 2-26　在"Assets"文件夹中创建新文件夹

从键盘输入文件夹的名称"Textures"并按回车键，创建用于存储贴图的文件夹，如图 2-27 所示。

从本章素材中将飞船的贴图文件"vehicle_playerShip_orange_dff.tif"和"vehicle_playerShip_orange_nrm.tif"复制到"Textures"文件夹中，如图 2-28 所示，从这两个文件的名称可以推断前者是漫反射贴图、后者是法线贴图。

图 2-27　输入新文件夹的名称

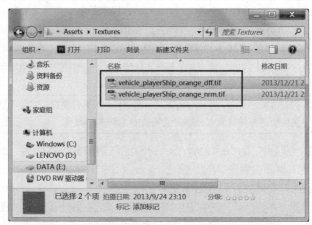

图 2-28　将飞船的贴图复制到"Textures"文件夹中

再到"Hierarchy"窗口用鼠标左键单击"vehicle_playerShip"对象后到"Inspector"窗口找到"Mesh Renderer"组件，再单击该组件所用材质"vehicle_playerShip_dff"前面的三角形图案展开显示其详细子属性，如图 2-29 所示。

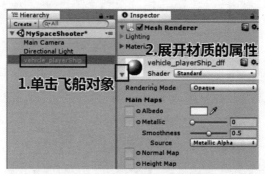

图 2-29　查看飞船对象所用材质的属性

从"Project"窗口的文件路径"Assets\Textures（贴图）\"下将贴图文件"vehicle_playerShip_orange_dff.tif"拖曳到"Inspector"窗口中的"Albedo（漫反射贴图）"属性前面的小方框中，将贴图文件"vehicle_playerShip_orange_nrm.tif"拖曳到"Inspector"窗口中的"Normal Map（法线贴图）"属性前面的小方框中，这时"Normal Map"属性下方会出现提示"这个贴图没有被标记为法线贴图"，只需要单击"Fix Now（立即修复）"按钮进行修复即可，过程如图 2-30 所示。

4. 在"Scene"窗口中观察飞船的变化

至此飞船已经恢复原貌，为了全方位的观察飞船，可以在"Scene"窗口中按住鼠标右键不放，然后用键盘上的"W""A""S""D""Q""E"六个按键在 3D 场景中漫游，其中"W"键和"S"键对应前进后退，"A"键和"D"键对应左右平移，"Q"键和"E"键对应上下平移，而移动鼠标即可改变观察方向，如图 2-31 所示。

如果在漫游过程中不小心跑远了，可以到"Hierarchy"窗口中双击飞船对象使"Scene"窗口的观察视角重新对准飞船。注意：在"Scene"窗口的漫游过程中，场景中的对象都没有移动，唯一移动的是观察视角本身。

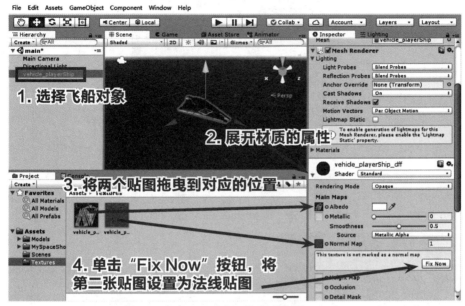

图 2-30　修复飞船对象的材质

图 2-31　在 "Scene" 窗口中全方位观察飞船

2.3.3　制作游戏场景的背景画面

星际冒险是一款固定视角的游戏，玩家一直保持俯视状态，固定视角的背景画面可以由 Unity 的 "Plane（平面）" 对象来充当。

1. 创建平面对象并更名为 "BackGround"

在 "Hierarchy" 窗口中的空白处单击鼠标左键以确保没有任何对象处于被选中状态，然后单击鼠标右键并在弹出菜单中选择 "3D Object->Plane" 选项，从而创建出平面对象 "Plane"，如图 2-32 所示。

为了便于识别，应该把 "Plane" 对象改名为 "BackGround"，具体方法为：在 "Hierarchy" 窗口中用鼠标右键单击 "Plane" 对象，并在弹出菜单中选择 "Rename" 选项使对象名称处于可编辑状态，如图 2-33 所示。

输入新的对象名称 "BackGround" 后按 "回车" 键完成改名，如图 2-34 所示。

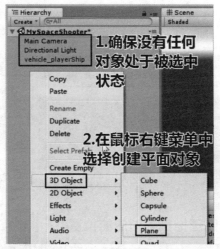

图 2-32　在"Hierarchy"窗口中创建平面对象

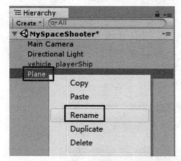

图 2-33　对"Plane"对象使用"Rename"指令

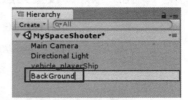

图 2-34　输入对象的新名称

2. 设置"BackGround"对象和飞船对象的位置和大小

（1）设置"BackGround"对象的位置

在"Hierarchy"窗口中用鼠标左键单击"BackGround"对象后到"Inspector"窗口找到"Transform"组件，将"Position"属性的"X""Y""Z"三个分量的值都设置为 0 从而将平面放置到世界坐标系的原点，如图 2-35 所示。

图 2-35　设置"BackGround"对象的位置

（2）切换到俯视视角

在"Hierarchy"窗口中用鼠标左键单击"BackGround"对象，再到"Scene"窗口单击右上角视角切换工具的 Y 轴，从而将视角调整为俯视视角，如图 2-36 所示。

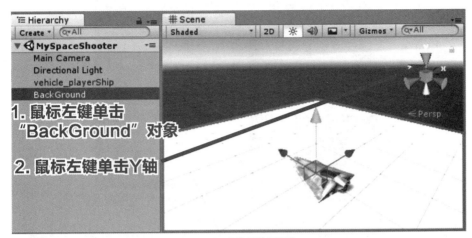

图 2-36　切换到俯视视角

（3）设置飞船对象的位置

在"Hierarchy"窗口中用鼠标左键单击飞船对象"vehicle_playerShip"后到"Inspector"窗口找到"Transform"组件，将"Position"属性的"X""Y""Z"三个分量的值分别设置为 0、3、0，从而将飞船对象放置到原点上方 3 个单位高的位置，如图 2-37 所示。

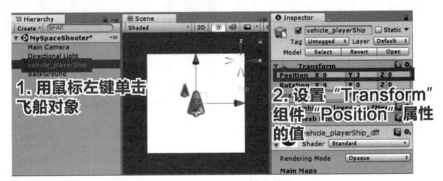

图 2-37　设置飞船对象的位置

3. 设置背景画面对象"BackGround"的尺寸

（1）尺寸大小的分析

背景画面对象"BackGround"应该足够大才能容纳整个游戏场景。由于"BackGround"将要使用的贴图的画面宽高比为 1∶2，因此"BackGround"的宽高比也应该设置为 1∶2 才能避免画面变形。

（2）方法一：用 2D 尺寸调整工具

在"Scene"窗口通过鼠标滚轮将镜头拉远，在"Hierarchy"窗口用鼠标左键单击"BackGround"对象使之处于被选中状态，然后单击 Unity 工具栏中的 2D 尺寸调整工具，再到"Scene"窗口把鼠标放置到"BackGround"对象边缘后按下鼠标左键不放，拖曳鼠标调整对象的形状，放开鼠标左键则完成调整操作，如图 2-38 所示。

（3）方法二：直接在"Inspector"窗口设置相关属性的值

也可以直接在"Inspector"窗口直接设置"BackGround"对象"Transform"组件"Scale"属性的"X"分量和"Z"分量的值，要保证两个数值足够大，并且比例为 1∶2，这里推荐的"X"值为1.2，"Z"值为 2.4，如图 2-39 所示。

图 2-38　使用 2D 尺寸调整工具调整"BackGround"对象的宽高比

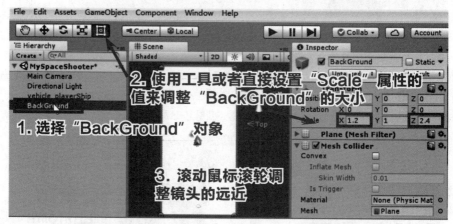

图 2-39　通过"Transform"组件的"Scale"属性调整平面的大小

4. 设置平面的外观

平面对象"BackGround"所呈现的视觉效果由其"Mesh Renderer（网格渲染器）"组件决定，需要为其创建专用的材质，并将素材中的背景贴图应用到该材质中。

（1）创建"BackGround"对象的专用材质

将本章素材中的贴图文件"tile_nebula_green_dff.tif"复制到项目文件夹下的文件路径"Assets\Textures\"中，如图 2-40 所示。

Unity 中的
材质和贴图

图 2-40　将背景贴图加载到项目中

在"Project"窗口的"Assets"文件夹创建新文件夹并命名为"Materials"用于存储材质文件，并在该文件夹中空白处单击鼠标右键，在弹出菜单中选择"Create->Material"，创建出新的材质文件，通过键盘输入材质名称"BackGround"后按回车键，如图 2-41 所示。

（2）将新创建的材质应用到"BackGround"对象上

回到"Hierarchy"窗口用鼠标左键单击"Back-Ground"对象，再到"Inspector"窗口中用鼠标左键单击"Mesh Renderer"组件的"Materials"选项，展开材质数组，然后将刚才新创建的名为"BackGround"的材质拖曳到数组元素"Element 0"上，将"BackGround"对象使用的材质由原来的默认材质切换为刚创建的"BackGround"材质。操作过程如图 2-42 所示。

图 2-41　创建材质文件夹和新材质

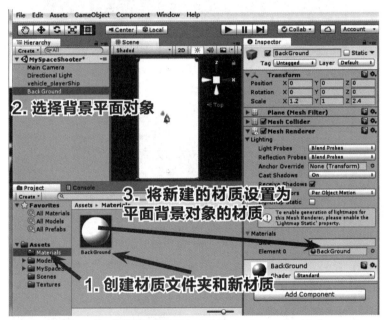

图 2-42　将新创建的材质应用到"BackGround"对象上

（3）设置新材质"BackGround"的贴图

回到"Project"窗口的文件路径"Assets\Materials\"下，用鼠标左键单击材质文件"BackGround"使"Inspector"窗口中显示出该材质的各项属性，然后回到"Project"窗口将"Textures"文件夹中的贴图"tile_nebula_green_dff.tif"拖曳到"Inspector"窗口"Albedo（漫反射贴图）"属性前的小框中，再将"Metallic（金属光泽）"属性值设为 1，"Smoothness（平滑度）"属性值设为 0.3，从而使背景画面更具有真实感，如图 2-43 所示。

（4）消除飞船的阴影

在"Scene"窗口可以看到背景画面虽然已经看起来很像浩瀚宇宙，但是飞船在背景画面上有明显的阴影，这显然会使真实感大打折扣，因此需要将阴影消除。可以通过将"BackGround"对象"Mesh Renderer"组件的"Receive Shadows（接收阴影）"属性设置为"false"即取消勾选来实现，如图 2-44 所示。

Unity 中的
光源和阴影

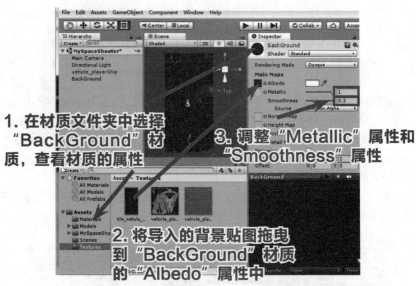

图 2-43　设置新材质"BackGround"的贴图

图 2-44　消除飞船在背景画面上的阴影

2.3.4　调整游戏画面的大小比例

　　"Game"窗口是呈现游戏画面的界面，在这个窗口中可以调整游戏画面的宽高比。在"Game"窗口的顶部用鼠标左键单击左起第二个下拉菜单使之展开，如图 2-45 所示，可以看到各种常用游戏画面宽高比例选项，但并没有本项目所需的"1∶2"选项，因此需要自己添加。用鼠标左键单击下拉菜单最下方的"+"号，在弹出的"Add"小窗口中，将"Type（类型）"属性设为"Aspect Ratio（宽高比）"，将"Width & Height（宽和高）"设置为 1 和 2，单击"OK"按钮确认，从而将游戏画面的宽高比设置为 1∶2。

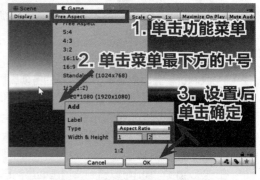

图 2-45　游戏画面尺寸比例的设置

2.3.5　设置调整玩家的视角

　　玩家的视角由"Main Camera（主摄像机）"的视角决定，在"Game"窗口中可以看到当前的玩家视角并不正确，需要进行调整。开发者可以先在"Scene"窗口中将观察视角调整到希望玩家体验到的状态，然后使用对齐功能将主摄像机的方位调整到与"Scene"窗口的观察视角一致。

具体操作方法为：在"Hierarchy"窗口用鼠标左键单击"BackGround"对象，接着到"Scene"窗口单击视角切换工具的 Y 轴从而将观察视角快速切换到俯视状态，再用鼠标滚轮调整远近使得背景画面的高度刚好与"Scene"窗口高度一致，如图 2-46 所示。

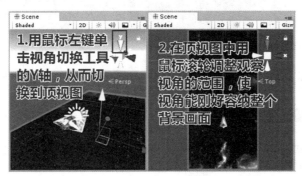

图 2-46　在"Scene"窗口中调整观察视角范围

在"Hierarchy"窗口用鼠标左键单击"Main Camera"对象使之处于被选中状态，再单击功能菜单栏中的"GameObject"并选择"Align With View（与观察视角对齐）"选项，如图 2-47 所示，使得主摄像机"Main Camera"的位置和姿态能保证"Game"窗口中的玩家视角与"Scene"窗口的观察视角一致。

图 2-47　将主摄像机与当前观察视角对齐

如果"Game"窗口中的背景画面边缘还有偏差，可到"Inspector"窗口适当调整"Main Camera"对象"Transform"组件中"Position"属性的三个分量。其中"Y"分量的值决定了摄像机和背景画面之间的远近，调整"Y"分量的值可以达到缩放"Game"窗口观察视角大小的效果；"X"分量的值决定了摄像机相对背景画面宽度方向的位置；"Z"分量的值则决定了摄像机相对背景画面高度方向的位置；最终的效果如图 2-48 所示。在此，推荐"X""Y""Z"三个分量的值分别设置为 0、20 和 0，而非图 2-48 所示的值。

图2-48　调整主摄像机位置从而使背景画面充满"Game"窗口的视角

2.3.6　制作障碍物对象

经过以上步骤已经能够呈现基本的游戏画面。接下来再将本章素材中的三个障碍物模型及其贴图导入项目中（具体文件名见表2-2），导入的方法与导入飞船模型一致，这里不再赘述。

表2-2　　　　　　　　　　　　　　　　　　障碍物模型文件列表

模型名称	模型文件	贴图文件
陨石1	prop_asteroid_01.fbx	prop_asteroid_01_dff.tif prop_asteroid_01_nrm.tif
陨石2	prop_asteroid_02.fbx	prop_asteroid_02_dff.tif prop_asteroid_02_nrm.tif
陨石3	prop_asteroid_03.fbx	prop_asteroid_03_dff.tif prop_asteroid_03_nrm.tif

在设置贴图时，为了便于观察，需要分别将三种陨石模型文件用鼠标左键拖曳到"Hierarchy"窗口上，从而在场景中创建出对应的三个游戏对象。此时三个陨石对象是重合在一起的，如图2-49所示。

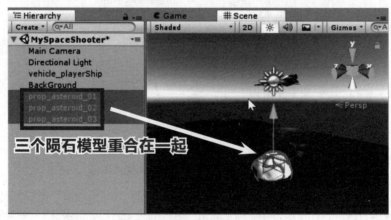

图2-49　导入场景中的三种陨石模型

要想将它们分开，可以直接在"Inspector"窗口中调整它们"Position"属性的"X"值和"Z"值从而使它们离开原来的位置，但为了确保它们的高度和飞船的高度一致从而在后续步骤中成为真正能够威胁到飞船安全的障碍物，要保证它们"Transform"组件"Position"属性的"Y"分量值为3（与飞船一致），如图2-50所示。

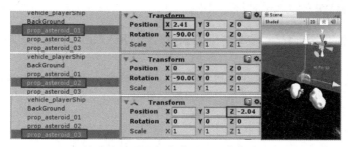

图 2-50　调整陨石对象的位置"X"分量和"Z"分量从而避免重叠

此外也可以利用 Unity 工具栏中的平移工具（左起第二个工具按钮）快速调整游戏对象的位置。当游戏对象处于被选中状态时，用鼠标左键单击平移工具会使"Scene"窗口中的对象显示出"*x*""*y*""*z*"三个方向的坐标轴，同时还有"XY""XZ""YZ"三个平面，此时在某个轴上按下鼠标左键不放然后移动鼠标就可以快速调整游戏对象在这个轴向上的位置。同理，如果在某个平面上按住鼠标左键不放并移动鼠标则可以快速调整游戏对象在该平面上的位置，如图 2-51 所示。

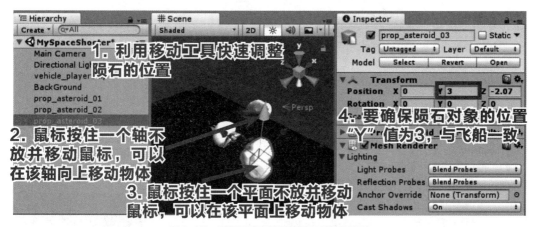

图 2-51　利用平移工具调整陨石对象的位置

无论用哪种方法进行调整，都要确保每种陨石对象"Transform"组件"Position"属性的"Y"分量值为 3。

从"Scene"窗口中可以看到，三种陨石对象都没有显示应有的颜色，这是因为三种陨石的"FBX"模型文件也不包含贴图，需要通过设置材质贴图来恢复其外观效果，具体设置方法和导入飞船后进行的设置一致，这里不再赘述。

2.4　交互功能的实现

到此为止，游戏所需的对象都已经导入场景中，但此时的场景是"死"的，场景中的游戏对象既不会自己运动也不能跟玩家有任何互动。这是因为这些对象仍然缺乏重要的组件——程序脚本（简称脚本）。Unity 的脚本是指由游戏开发者利用程序语言编写的可以对游戏项目中的资源、场景中的对象进行操纵的程序文件。在本书的所有案例中，将用 C#语言来编写 Unity 脚本，一个 C#脚本文件对应一个类，并且脚本可以作为"组件"添加到游戏对象上，使得游戏对象增加原先不具备的功能。

2.4.1 查看已经导入的脚本文件

在本项目中读者不需要自己编写脚本，而是直接利用已导入项目中的脚本来实现交互功能。

在本章 2.3.1 节的内容中，本章素材包含的 Unity 资源包 "Space Shooter.unitypackage" 已经被导入本项目中，其脚本文件在路径 "Assets\MySpaceShooterAssets\Scripts\" 下，如图 2-52 所示。

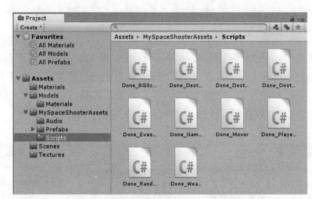

图 2-52 从资源包导入的脚本文件

2.4.2 背景画面的滚动效果

1. 实现原理

为了模拟出飞船不断前进的效果，可以将背景画面"加长"，然后让加长后的背景画面以一定的速度向飞船前进的反方向移动，当画面的上边缘快要进入主摄像机的视角范围时则将其"瞬移"回最初的位置，如此循环往复就能造成飞船不断前进的错觉，其原理如图 2-53 所示。

2. "加长"背景画面

在"Hierarchy"窗口中选择"BackGround"对象，在键盘上按组合键"Ctrl+D"复制出一个一模一样的平面对象"BackGround (1)"。然后在"Hierarchy"窗口中将"BackGround (1)"对象用鼠标左键单击选择并移动到"BackGround"对象上，从而使"BackGround (1)"成为"BackGround"的子对象，如图 2-54 所示。

到"Inspector"窗口将"BackGround (1)"对象"Position"属性的"Z"分量值设为-10，使两个平面对象首尾相接，如图 2-55 所示。

3. 加载实现滚动效果的脚本组件

在 Unity 中，一旦设定父子关系，则子对象会自动跟随父对象平移、旋转和缩放，也就是说如果给"BackGround"对象添加一个实

图 2-53 飞船不断前进的实现原理

现滚动效果的脚本组件，则"BackGround (1)"对象会自动跟随"BackGround"对象滚动。

加载脚本组件的操作方法为：在"Hierarchy"窗口用鼠标左键单击"BackGround"对象，到"Inspector"窗口单击最下方的"Add Component（添加组件）"按钮，在下拉菜单中选择分类"Scripts

（脚本）"使项目中包含的所有脚本出现在菜单中，选择脚本"Done_BG_Scroller"将其加载到"BackGround"对象上成为一个新的组件，如图 2-56 所示。

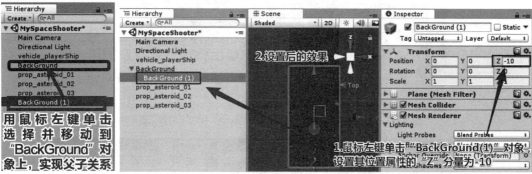

图2-54　设置父子关系　　　　图 2-55　设置复制出来的背景画面的位置及其效果

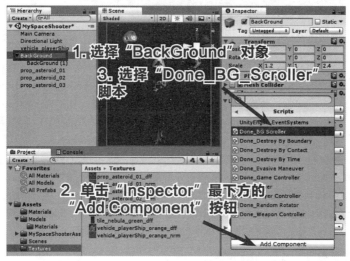

图 2-56　加入控制背景平面滚动的脚本

4. 设置脚本组件的属性

在"Inspector"窗口用鼠标左键单击"Done_BG Scroller"组件左边的三角形图案从而显示其所有属性，将"Scroll Speed（滚动速度）"属性设置为-0.25，"Tile Size Z（上边缘预留距离）"属性的值则与主摄像机到背景画面的距离有关，需要在"Game"窗口观察后决定。其具体设置方法如下：在"Hierarchy"窗口用鼠标左键单击"BackGround"对象，然后将鼠标移动到"BackGround"对象"Position"属性的"Z"分量上，当鼠标两侧出现小箭头时按住鼠标左键不放并左右移动鼠标从而使"Game"窗口中的背景画面发生上下移动，如图 2-57 所示。

设置脚本组件
"Done_BG_
Scroller"的属性

持续改变"Z"分量的值，找到"Game"窗口中"BackGround"对象上边缘与游戏画面上边缘对齐时"Z"分量的值记为 Z1，再找到"BackGround（1）"对象上边缘与游戏画面上边缘对齐时"Z"分量的值记为 Z2。将"Done_BG Scroller"组件"Tile Size Z"属性的值设置为 Z2 减去 Z1 的值。再将"Transform"组件"Position"属性的 Z 分量设置为 Z1，如图 2-58 所示。

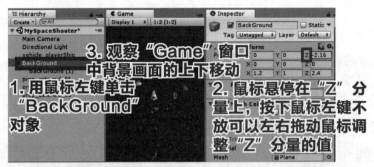

图 2-57 改变"Z"分量的值并观察"Game"窗口中背景画面的移动

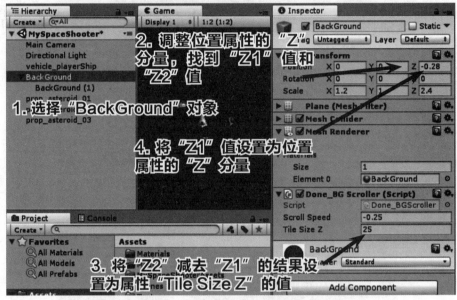

图 2-58 设置背景画面自动滚动的相关属性

5. 试运行游戏查看背景画面的滚动效果

此时，按下工具栏中的"播放键"，就可以在"Scene"窗口看到背景画面循环滚动的效果，而在"Game"窗口则能感觉到飞船一直前进，如图 2-59 所示。注意：查看效果完毕后，一定要再按一次"播放键"使 Unity 恢复到正常编辑状态，否则在播放状态下后续操作中的任何设置工作均会无效。

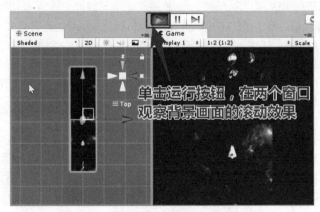

图 2-59 试运行游戏查看背景画面滚动效果

2.4.3 飞船的控制

1. 添加并设置刚体组件

在"Hierarchy"窗口用鼠标左键单击飞船对象"vehicle_playerShip",再到"Inspector"窗口单击"Add Component"按钮,在下拉菜单中选择分类"Physics(物理)"并选择"Rigidbody(刚体)"组件,如图 2-60 所示。

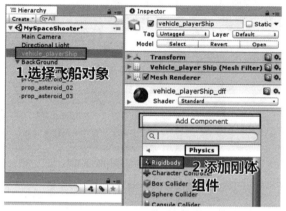

图 2-60 为飞船对象添加刚体组件

将"RigidBody"组件的"Use Gravity"属性值设置为"false"即取消勾选状态,如图 2-61 所示。

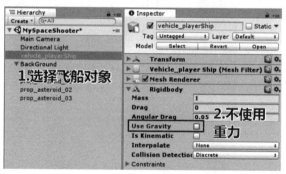

图 2-61 设置飞船对象刚体组件的属性

"RigidBody"组件使游戏物体能够模拟物理意义上的"刚体",具有质量、速度、角速度等属性。其中"Use Gravity"属性决定了游戏对象是否受重力的影响,由于本项目中飞船一直平稳前进不会有高低变化,因此不应受重力的影响。

2. 添加并设置控制脚本

为了使飞船响应玩家的键盘输入,需要添加适当的脚本将键盘输入和飞船的运动关联起来,并且为了使飞船限制在游戏画面之内必须设置其活动范围。

在本项目中,用于控制飞船的脚本名为"Done_PlayerController",利用"Inspector"窗口中的"Add Component"按钮将该脚本加载到飞船对象上,如图 2-62 所示。

将"Done_Player Controller"组件的"Speed(速度)"属性值设置为 5,"Tilt(移动倾斜角)"属性值设置为 3,"Boundary(活动范围)"属性中的"X Min"分量设置为-4.5,"X Max"分量设置为 4.5,"Z Min"分量设置为-8,"Z Max"分量设置为 8,如图 2-63 所示。

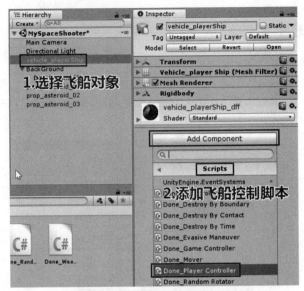

图2-62　为飞船对象添加控制脚本

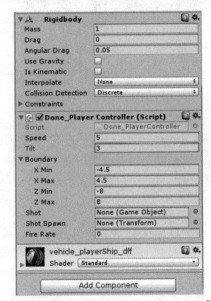

图2-63　设置飞船控制组件"Done_Player Controller"的相关参数

2.4.4　陨石的随机旋转和平移

陨石也应该具备刚体的物理特性，因此需要给三种陨石对象添加"Rigidbody"组件，此外还应添加脚本组件"Done_Random Rotator"和"Done_Mover"使它们能够随机旋转同时平移。

1. 同时给三种陨石对象添加组件

按住键盘的"Ctrl"键不放，到"Hierarchy"窗口用鼠标左键分别单击三个陨石对象使它们同时被选中，利用"Inspector"窗口中的"Add Component"按钮将"Physics"分类下的"Rigidbody"组件、"Script"分类下的"Done_Random Rotator"和"Done_Mover"组件同时添加到三个陨石对象上，如图2-64所示。

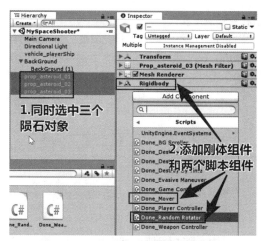

图 2-64　为三个陨石对象添加组件

2. 同时设置三种陨石的朝向和刚体属性

保持三个陨石对象处于被选中状态，在"Inspector"窗口中将"Transform"组件"Rotation"属性的三个分量全部设置为 0，如图 2-65 所示。

图 2-65　设置三个陨石对象的"Rotation"属性

在太空中，陨石的旋转是没有阻力的，并且陨石也不会"下坠"，因此还需将三个陨石对象"Rigidbody"组件中的"Angular Drag（旋转阻力）"属性设置为 0，"Use Gravity（使用重力）"属性设置为"false"，即取消勾选状态，如图 2-66 所示。

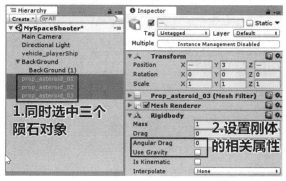

图 2-66　设置三个陨石对象的刚体属性

3. 分别设置旋转角速度和平移速度属性

为了让三种陨石的旋转和移动的速度不一样，可分别设置它们的旋转角速度和平移速度。其中，旋转角速度由"Done_Random Rotator"组件中的"Tumble"属性决定，平移速度由"Done_Mover"组件中的"Speed"属性决定，需要注意的是，由于陨石移动的方向为世界坐标系的"Z"轴负方向，因此"Speed"属性的值必须是负值，如图2-67所示。

Unity中的
坐标系

图2-67 设置陨石旋转角速度和平移速度属性的值

2.4.5 陨石的随机生成

虽然场景中已经有三个外观、旋转速度和移动速度各异的陨石，但这显然是远远不够的。为了让游戏具备真实感，应该在游戏运行过程中，源源不断地在画面上方随机生成这三种陨石，并且生成陨石的左右位置、时间间隔最好可以变化。基于这样的需求，应该引入"预制体"和"游戏控制器"对象。

1. 制作陨石预制体

在"Project"窗口的"Assets"文件夹中创建新文件夹并更名为"Prefabs"用于存放预制体，再到"Hierarchy"窗口单击鼠标左键将三个陨石对象分别拖曳到"Prefabs"文件夹中从而创建出三个陨石预制体，如图2-68所示。

图2-68 创建陨石预制体

Unity预制体作为资源存放在Unity项目中，是由开发者创建的具有自定义功能的对象型资源，其通过从场景中拖曳游戏对象到"Project"窗口中创建，具备游戏对象的所有功能组件。在游戏运行过程中，可以利用脚本以预制体为"种子"在场景中动态生成游戏对象。

2. 创建"GameController（游戏控制器）"对象

在"Hierarchy"窗口的空白处单击鼠标右键，在弹出菜单中选择"Create Empty"从而创建出一个空对象"GameObject"，在"GameObject"对象上单击鼠标右键，在弹出菜单中选择"Rename"，然后从键盘输入名称"GameController"并按"回车"键，如图 2-69 所示。

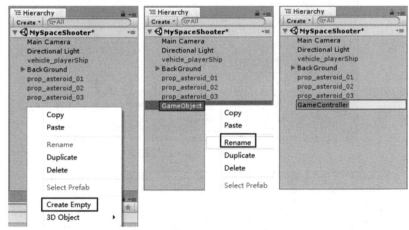

图 2-69　创建空对象并更名为"GameController"

3. 添加"Done_Game_Controller"组件

在"Hierarchy"窗口中用鼠标左键单击"GameController"对象，再到"Inspector"窗口单击"Add Component"按钮，在弹出菜单的搜索框中输入"controller"，从而查找到所有名称中包含"controller"的组件，在查找结果中选择脚本组件"Done_Game_Controller"，如图 2-70 所示。

图 2-70　添加游戏控制脚本组件"Done_Game_Controller"

4. 设置"Done_Game_Controller"组件的属性

在"Hierarchy"窗口中用鼠标左键单击"GameController"对象使之处于被选中状态，然后到"Inspector"窗口用鼠标左键单击右上角的锁图案，将"Inspector"窗口显示的内容锁定为"GameController"对象的组件，如图 2-71 所示。

然后可以方便地设置组件"Done_Game_Controller"的各项属性。"Hazarz"属性是存放陨石预制体的数组，其值的设置方法为：到"Project"窗口的文件路径"Assets\Prefabs\"下，按住"Ctrl"键不放并用鼠标左键分别单击三个陨石预制体从而同时选中它们，然后用鼠标左键将它们拖曳到"Inspector"窗口中的"Hazarz"属性上，如图 2-72 所示。

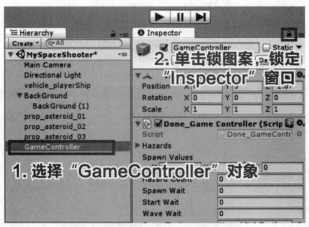

图2-71　锁定"Inspector"窗口

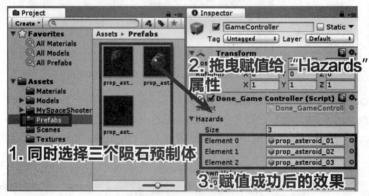

图2-72　给陨石预制体数组属性"Hazards"赋值

"Spawn Values"属性是一个三维向量，其中的"X"分量表示陨石随机生成位置在游戏画面横向上的范围，"Y"分量表示陨石生成位置的高度，"Z"分量表示陨石生成位置在游戏画面纵向上的位置，如图2-73所示。

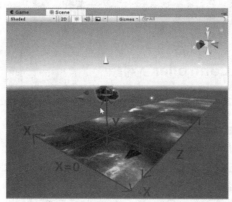

图2-73　陨石生成位置参数"Spawn Values"的含义示意图

在此，"Spawn Values"属性的"X""Y""Z"三个分量的值分别设置为4.8、3和11，从而保证陨石的生成位置在游戏画面上方外侧并与飞船的高度一致。其他属性设置如下："Hazard Count"为最多同时生成的陨石数，设置为 5；"Spawn Wait""Start Wait"和"Wave Wait"则分别表示生成陨石个体的时间间隔、游戏开始后给玩家留的准备时间以及产生陨石批次之间的时间间隔，均以秒为单位，分别设置为 1、2 和 3。具体如图 2-74 所示。

再次回到"Inspector"窗口，用鼠标左键单击"Tag（标签）"右侧的下拉菜单选择"GameController"选项，从而将"GameController"对象的标签设置为"GameController"，然后用鼠标左键单击右上角的锁图案，将"Inspector"窗口解锁，如图 2-75 所示。

对象的"Tag（标签）"及其作用

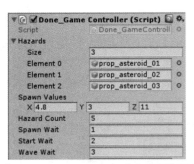

图 2-74　"Done_Game_Controller"组件其他属性值的设置

图 2-75　设置标签并解锁"Inspector"窗口

2.4.6　陨石的碰撞和回收

1. 为什么要回收陨石

此时运行游戏可发现，陨石已经可以源源不断地生成了，但是由于缺乏回收机制，虽然陨石最后都移动到游戏画面以外看不到了，但从"Hierarchy"窗口中可以看到场景中的陨石游戏对象仍然一直存在并越来越多，这将导致游戏占用的计算机资源越来越多，而这些陨石在游戏中已经是无用的对象，它们的存在只会影响游戏的性能，如图 2-76 所示。

为了优化游戏的性能，应该设计陨石的回收机制。回收分两种情况，一种是陨石与飞船间的接触式回收，当飞船与陨石碰撞的时候，应该会两败俱伤，两者都会被销毁；另一种是画面外的接触式回收，飞到画面以外的陨石在碰到"拦截墙"后会被销毁。

2. 回收陨石的原理

Unity 提供了一类名称中包含"Collider"的组件，这类组件用于检测游戏物体之间的碰撞和接触。根据形状的不同，"Collider"类组件有立方体、胶囊体、球体、圆柱体、平面、网格体等形状，如图 2-77 所示。

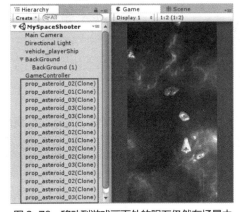

图 2-76　移动到游戏画面外的陨石仍然在场景中

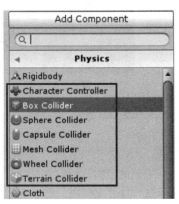

图 2-77　Unity 中各种形状的"Collider"组件

加载了"Collider"组件的游戏物体称为碰撞体，可移动的碰撞体要和"Rigibody（刚体）"组件一起使用。当"Collider"类组件的"Is Trigger（是触发器）"属性值为"false"时，碰撞体之间的碰撞效果即为刚体的物理碰撞效果；而当"Is Trigger"属性值为"true"时，则没有物理碰撞效果，但是碰撞会触发"接触事件"，从而可通过脚本程序检测这类事件并执行对应的指令，比如陨石与飞船接触时让陨石和飞船都爆炸。

3. 实现陨石与飞船间的接触式回收

接触式回收需要利用"Collider"组件结合脚本实现，首先分别给飞船和陨石预制体添加"Collider"组件。

（1）为陨石对象添加"Sphere Collider"组件并调整大小

以陨石对象"prop_asteroid_01"为例，添加"Sphere Collider"组件的方法为：在"Hierarchy"窗口用鼠标左键单击"prop_asteroid_01"对象从而使之处于被选中状态，然后到"Inspector"窗口单击"Add Component"按钮并在下拉菜单中选择"Physics"分类下的"Sphere Collider"选项，如图2-78所示。

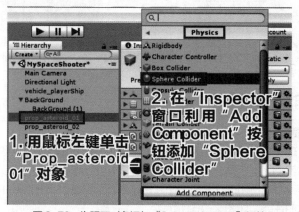

图2-78　为陨石对象添加"Sphere Collider"组件

调整"Sphere Collider"组件的"Radius"属性，使"球形碰撞体"的外框能包含整个陨石对象，如图2-79所示。

图2-79　调整"Sphere Collider"组件的"Radius"属性

用相同的方法为另外两个陨石对象添加"Sphere Collider"组件并调整"Radius"属性。此外每个陨石对象"Sphere Collider"组件的"Is Trigger"属性的值都设置为"true"，即勾选。最终效果如图2-80所示。

（2）为陨石对象添加脚本组件"Done_Destroy By Contact"

按住键盘的"Ctrl"键不放，到"Hierarchy"窗口用鼠标左键分别单击三个陨石对象使它们同时被选中，利用"Inspector"窗口中的"Add Component"按钮将脚本组件"Done_Destroy By Contact"

添加到三个陨石对象上，如图 2-81 所示。

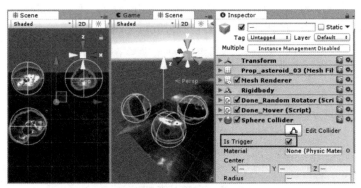

图2-80　三个陨石对象都添加"Sphere Collider"组件后的效果

（3）设置陨石对象的标签

在脚本"Done_Destroy By Contact"中会根据碰撞体对象的"Tag（标签）"属性值来判断哪种对象发生了"接触事件"，当"Tag"属性值为"Enemy"时认为陨石对象发生了"接触事件"，因此需要将陨石对象的"Tag"属性设置为"Enemy"，具体操作如下。

用鼠标左键单击"prop_asteroid_01"对象，再到"Scene"窗口单击"Tag"属性右侧的下拉菜单并选择"Add Tag..."选项，如图 2-82 所示。

图 2-81　同时给三个陨石对象添加"Done_Destroy By Contact"组件

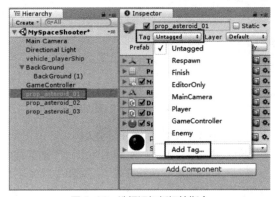

图 2-82　选择添加新标签指令

此时"Inspector"窗口的显示内容切换为"Tags & Layers"，在"Tags"列表下方单击"+"号，并在弹出的"New Tag Name"属性中输入新标签名称"Enemy"后单击"Save"按钮，从而在项目中增加一条名为"Enemy"的新标签，如图 2-83 所示。

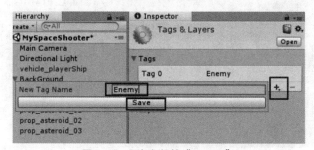

图 2-83　添加新标签"Enemy"

按住键盘的"Ctrl"键不放，回到"Hierarchy"窗口用鼠标左键分别单击三个陨石对象使它们同时被选中，然后到"Inspector"窗口将"Tag"属性设置为"Enemy"，如图 2-84 所示。

图 2-84　同时给三个陨石对象添加"Enemy"标签

（4）将陨石对象的变化应用到预制体上

在"Hierarchy"窗口分别用鼠标左键单击场景中的陨石对象，并在"Inspector"窗口上单击"Apply"按钮，使每一个陨石对象的变化保存到对应的预制体中，如图 2-85 所示。

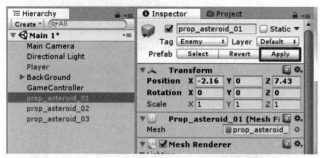

图 2-85　将陨石游戏物体上的设置保存到预制体中

（5）为飞船对象添加"Capsule Collider"组件并调整大小

在"Hierarchy"窗口用鼠标左键单击"vehicle_playerShip"对象从而使之处于被选中状态，然后到"Inspector"窗口单击"Add Component"按钮并在下拉菜单中选择"Physics"分类下的"Capsule Collider"选项，如图 2-86 所示。

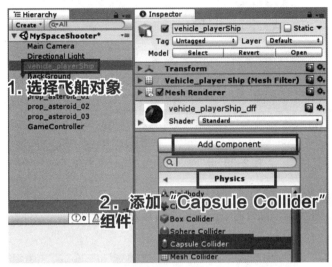

图 2-86　为飞船对象添加"Capsule Collider"组件

将"Capsule Collider"组件中"Direction（朝向）"属性设置为"Z-Axis（z 轴方向）"，接着单击"Edit Collider"按钮后到"Scene"窗口用鼠标左键拖曳"胶囊碰撞体"外框上的调节点调整其长度和半径，使外框能将整个飞船包裹在中间，最后将"Is Trigger"属性的值设置为"true"即勾选，如图 2-87 所示。

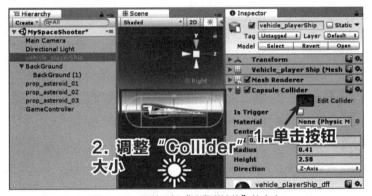

图 2-87　调整飞船"胶囊碰撞体"的大小

（6）设置飞船对象的标签

在陨石对象的脚本"Done_Destroy By Contact"中会根据碰撞体对象的"Tag（标签）"属性值来判断哪种对象发生了"接触事件"，当"Tag"属性值为"Player"时认为飞船对象发生了"接触事件"，因此需要将飞船对象的"Tag"属性设置为"Player"。具体操作为：到"Hierarchy"窗口用鼠标左键单击飞船对象"vehicle_playerShip"，然后到"Inspector"窗口将"Tag"属性设置为"Player"，如图 2-88 所示。

（7）试运行游戏观察效果

设置完成后，运行游戏并进行观察，可以发现陨石与陨石接触不会发生任何变化，但是陨石与飞船接触则会导致飞船和陨石都消失。

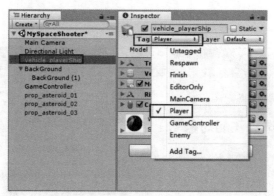

图 2-88　给飞船对象添加 "Player" 标签

4. 实现 "拦截墙" 回收

接下来添加拦截墙对飞出画面外的陨石进行回收。首先在场景中添加空物体并更名为 "Boundary"，过程如图 2-89 所示。

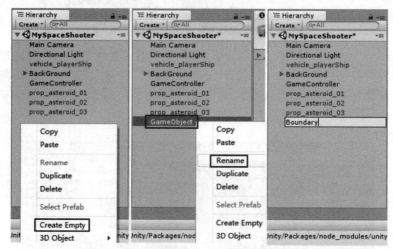

图 2-89　创建 "Boundary（拦截墙）" 对象

再为其添加 "Box Collider" 组件，调整 "Box Collider" 组件的大小和位置，以保证每个飞出画面外的陨石都会与之在游戏画面外接触，并将 "Boundary" 对象的位置设置为（0，3，-22），如图 2-90 所示。

图 2-90　为 "Boundanry" 添加 "BonCollider" 组件并进行设置

为了避免"Boundary"对象因接触陨石而被回收，需要将其标签值设置为"Boundary"，过程如图 2-91 所示。

由于拦截墙在场景中静止不动，属于"静态碰撞器"，故可以不添加"Rigibody"组件，但是"Box Collider"组件中的"Is Trigger"属性必须设置为"true"即勾选。最后，要添加脚本组件"Done_Destroy By Boundary"。上述过程如图 2-92 所示。自此，陨石的回收功能就完全实现了。

图 2-91　设置"Boundary"的标签

图 2-92　将"Boundary"设置为触发器并添加脚本

2.4.7　爆炸效果

1. 实现原理

在飞船与陨石接触并且两者同时被销毁时，并没有任何视觉效果，这让游戏的趣味性大打折扣。所幸，Unity 提供了粒子系统，可模拟爆炸效果。当飞船与陨石接触时，陨石对象的"Done_Destroy By Contact"脚本组件会销毁相互接触的飞船和陨石对象，并在飞船和陨石所在位置放置爆炸效果粒子系统，从而模拟爆炸的视觉效果。

2. 查看爆炸效果预制体

在本项目中，将使用载入资源所包含的粒子系统预制体，而不用自己设计粒子。粒子系统预制体文件可以在"Project"窗口的文件路径"Assets\MySpaceShooterAssets\Prefabs\VFX\Explosions\"下找到，如图 2-93 所示。

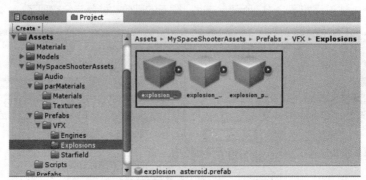

图 2-93　已载入项目的粒子系统预制体

3. 将粒子系统预制体赋值给陨石预制体的"Done_Destroy By Contact"组件

到"Project"窗口的文件路径"Assets\Prefabs\"下，按住键盘"Ctrl"键不放并用鼠标左键分别单击三个陨石预制体从而同时选中它们，然后到"Inspector"窗口单击右上角的锁图案从而将显示内容锁定为三个陨石预制体的组件信息，如图 2-94 所示。

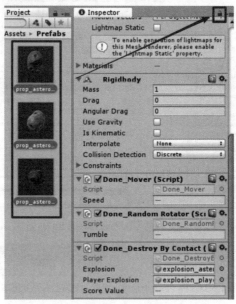

图 2-94　锁定"Inspector"窗口

到"Project"窗口的文件路径"Assets\MySpaceShooterAssets\Prefabs\VFX\Explosions\"下，将飞船爆炸的粒子系统预制体"explosion_player"用鼠标左键拖曳到"Inspector"窗口"Done_Destroy By Contact"组件的"Player Explosion"属性上，将陨石爆炸的粒子系统预制体"explosion_asteroid"用鼠标左键拖曳到"Explosion"属性上，然后再次单击"Inspector"窗口右上角的锁图案将其解锁，如图 2-95 所示。此时试运行游戏，会发现无论是陨石还是飞船，在被销毁时都已具备爆炸效果。

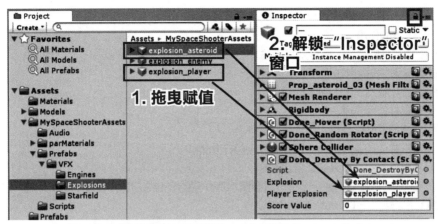

图 2-95 将爆炸特效粒子预制体拖曳赋值后解锁"Inspector"窗口

2.4.8 删除场景中的陨石对象并保存项目

1. 删除陨石对象

由于陨石已经可以在脚本的作用下通过预制体随机生成，因此场景中的三个陨石对象已经没有用处了，应该将它们删除。回到"Hierarchy"窗口，按住键盘"Ctrl"键不放并用鼠标左键分别单击三个陨石对象从而同时选中它们，然后仍然在"Hierarchy"窗口单击鼠标右键，在弹出菜单中选择"Delete"选项将场景中的三个陨石对象删除，如图 2-96 所示。

2. 保存场景和项目

至此本项目就完成了，为了将当前的工作保存下来，必须保存当前场景并保存项目。具体操作方法为：用鼠标左键单击功能菜单中的"File"然后选择"Save Scenes"选项从而保存当前场景，再选择"Save Project"保存项目，如图 2-97 所示。

图 2-96 删除场景中的陨石对象

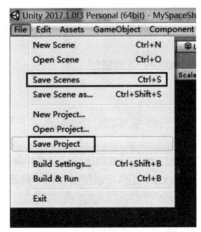

图 2-97 保存当前场景和项目

2.5 本章小结

（1）本章涉及的知识点如下

① Unity 中"项目"和"场景"的概念及它们的关系。

② Unity 中"游戏物体"和"组件"的概念及其相互关系。

③ "Transform" "Rigibody" "Collider" 三种组件的作用。

④ Unity 脚本的作用。

⑤ Unity 中"预制体"的概念及其用法。

（2）本章涉及的技能点如下

① 如何创建和管理一个 Unity 项目。

② 如何载入并管理资源。

③ 如何创建场景并在场景中创建游戏物体。

④ 如何查看并使用游戏物体的组件来实现特定功能。

⑤ 如何利用现成的脚本来实现特定功能。

本章介绍的方法具有普遍性，读者可以参照本章介绍的案例来创建并管理 Unity 项目，并且可以按照本章的流程来创建自己的 Unity 互动作品。

2.6 习题

1. 备份一个 Unity 项目应（　　）。

A. 将"Assets"文件夹打包备份即可

B. 将"ProjectSettings"文件夹打包备份即可

C. 将"Assets"和"ProjectSettings"两个文件夹打包备份即可

D. 将场景文件备份即可

2. 以下（　　）选项不是打开一个 Unity 项目的方法。

A. 在 Unity 开始界面选择"Open"，然后定位到项目文件夹位置，单击"选择文件夹"按钮

B. 在项目文件夹中找到场景文件（.scene 文件），用鼠标左键双击场景文件

C. 在 Unity 界面中，单击菜单"File"选择"Open Project"选项，定位到项目文件夹位置，单击"选择文件夹"按钮

D. 用鼠标左键双击脚本文件

3. 以下（　　）选项不属于 Unity 中的"游戏物体"。

A. 空对象

B. 场景中的一个人物模型

C. 摄像机

D. "Light"组件

4. 以下关于组件的说法，错误的是（　　）。

A. 项目中的脚本是一种资源，将脚本加载到一个游戏物体上之后即成为该物体的一个组件

B. "Transform"组件用于设置游戏物体的位置、朝向、大小比例

C. "Rigibody"组件可以使游戏物体具备刚体的物理特性

D. "Collider"组件可以使游戏物体发光

2.7 中英文对照表

英文单词	中文释义
4 Split	分为四个（视角）
Add	添加
Add Component	添加组件

（续表）

英文单词	中文释义
Add Tag	添加标签
Assets	资源
Back Ground	背景
Box Collider	盒形碰撞体
Capsule Collider	胶囊形碰撞体
Collider	碰撞器
Console	控制台
Create Project	创建项目
Custom Package	自定义资源包
Default	默认
Delete	删除
Edit Collider	编辑碰撞体（的形状）
Element	（数组的）元素
File	文件
Folder	文件夹
Game	游戏
Game Object	游戏对象
Hierarchy	层级、层次
Import New Asset	载入新资源
Inspector	检视
Layouts	布局
Main Camera	主摄像机
Mesh Filter	网格过滤器
Mesh Renderer	网格渲染器
Model	模型
New Project	（创建）新项目
New Scene	（创建）新场景
Physics	物理（组件类）
Plan	平面
Position	位置
Prefab	预制体
Project Settings	项目设置
Rename	重命名
Rigibody	刚体
Rotation	旋转
Save Scene	保存场景
Scale	大小比例
Scene	场景
Show in Explorer	在 Windows 的文件管理器中显示
Sphere Collider	球形碰撞体

（续表）

英文单词	中文释义
Tags & Layers	标签和层
Tall	高的
Texture	贴图
Transform	变换
Untitled	无名、未命名
Use Gravity	使用重力（效果）
Wide	宽的

第3章
3D场景的创建——
湖光山色

03

///// **3.1** 项目概览

在本项目作品中，玩家可以在一个阳光明媚、山清水秀的场景中漫游，能够顺着山路蜿蜒而上，也能够欣赏碧波荡漾的湖水，湖边有随风摇曳的草地，也有茂密的丛林，在丛林中还可以欣赏到清脆的鸟鸣声。

通过实现本项目，读者将学习如何利用 Unity 制作 3D 地形，并使之成为一个可漫游的仿真自然环境。习总书记在二十大报告中提出"必须牢固树立和践行绿水青山就是金山银山的理念，站在人与自然和谐共生的高度谋划发展"，通过本项目的实践希望读者能够更加深刻的认识到"尊重自然、顺应自然、保护自然"的重要性。

3.1.1 学习目标

了解地形对象及其"Terrain（地形）"组件的作用。

了解光线对象及其"Light（光照）"组件的作用。

进一步了解"预制体"的概念及其作用。

掌握如何在 Unity 场景中创建基本几何体以及导入外部模型的方法。

掌握在 Unity 中快速实现漫游功能的方法。

掌握将外部资源导入、改造、制作成预制体并使用的方法。

掌握在 Unity 中快速实现水面、天空、雾和音效等环境效果的方法。

3.1.2 项目需求

玩家可以利用鼠标和键盘以第一人称的视角在场景中漫游，场景中有山、湖、草地、树林和建筑物，天空晴朗并且所有物体有影子，水面有波浪而且有周围景物的倒影。在视觉上有轻微的雾效果，远处的景物会相对模糊。如果玩家进入树林，则在特定的位置能听到鸟鸣声，并且该音效有 3D 效果，越靠近音源声音越大。游戏画面效果如图 3-1 所示。

图 3-1　游戏画面效果

3.2 创建工程和场景

运行 Unity 并创建新 3D 工程，命名为"Huguangshanse"。工程创建成功并进入 Unity 主界面后，在"Project"窗口的"Assets"文件夹中创建"Scenes"文件夹，然后按键盘组合键"Ctrl+S"将当前场景保存在"Scenes"文件夹中并命名为"main"。

3.3 创建地形

创建地形是本章的重点，在本节中将详细介绍地形对象"Terrain"及其组件"Terrain"的用法，通过"Terrain"组件即可塑造地形对象丰富的起伏形态。

3.3.1 创建地形对象及其对应的文件

在"Hierarchy"窗口空白处单击鼠标右键，在弹出菜单中选择"3D Object->Terrain"选项从而在当前场景中创建出一个地形对象"Terrain"，如图 3-2 所示，同时 Unity 会自动在项目的"Assets"文件夹中创建出一个名为"New Terrain.asset"的文件用于存储"Terrain"对象的信息。为了规范管理资源，应该在项目的"Assets"文件夹中创建一个名为"Terrain"的新文件夹，然后将"New Terrain.asset"文件更名为"Huguangshanse Terrain.asset"并移动到"Terrain"文件夹中。

3.3.2 查看"Terrain"组件

在"Hierarchy"窗口用鼠标左键单击"Terrain"对象后到"Inspector"窗口可看到"Terrain"组件如图 3-3 所示，单击组件中的按钮可进入对应的编辑状态，各按钮的功能从左到右分别为：地形抬升或下沉，地形取平，地形平滑，地形贴图，植树，种草和整体设置。

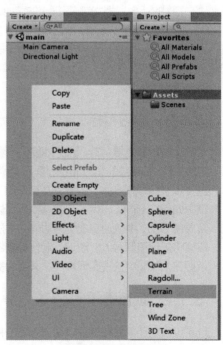

图 3-2　创建地形对象

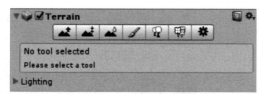

图 3-3　"Terrain"组件

3.3.3　设置地形大小规模

鼠标左键单击最右侧带齿轮图案的按钮，显示出"Resolution（分辨率）"栏，将"Terrain Width（地形的宽度）""Terrain Length（地形的长度）"和"Terrain Height（地形的最大高度差）"属性都设置为 200，如图 3-4 所示。

Resolution	
Terrain Width	200
Terrain Length	200
Terrain Height	200
Heightmap Resolutio	513
Detail Resolution	1024

图 3-4　地形规模的设置

3.3.4　设置地形的基准高度

因为本项目既有湖又有山，所以整个地形的基准高度应大于 0 才能够使用下沉功能造出湖泊。用鼠标左键单击左起第二个按钮切换到"地形取平"功能，在"Settings"栏将"Height"属性设置为 100，然后单击"Flatten（展平）"按钮，将整个地形抬升 100 个长度单位，如图 3-5 所示。

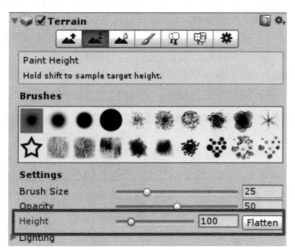

图 3-5　地形基准高度的设置

3.3.5　绘制地形

用鼠标左键单击左起第一个按钮从而切换到"地形抬升或下沉"功能，绘制出高低起伏不一的地貌轮廓。在"Brushes（笔刷）"属性中设置合适的笔刷，在"Settings（设置）"栏中设置"Brush Size

（笔刷大小）"和"Opacity（灵敏度）"，然后在"Scene"窗口中"Terrain"对象的上表面单击鼠标左键则可以抬升笔刷范围内的地面。如果按住键盘的"Shift"键不放，再在"Terrain"对象的上表面单击鼠标左键，则可以下沉笔刷范围内的地面。从不同角度可以观察到抬升和下沉的效果，如图3-6所示。

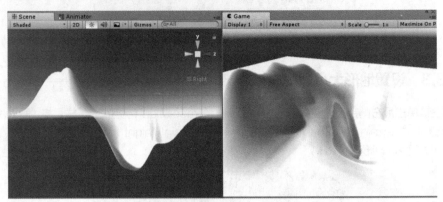

图3-6　地形抬升和下沉的效果

3.3.6　地形平滑

对于变化过于剧烈的地带，如果不是有意为之（比如悬崖）而希望起伏变得缓和一些，可以用鼠标左键单击左起第三个按钮切换到"地形平滑"功能。设置合适的笔刷后用鼠标左键在"Scene"窗口中单击地形对象的起伏表面，就可以实现平滑功能。

3.3.7　修整平地

如果想在起伏变化的地形当中"修整"出一块平地，可以用鼠标左键单击左起第二个按钮切换到"取平"功能。在进入"取平"功能后，先调整"Scene"窗口中的观察角度，将待修整的位置显示在画面中，再设置合适的笔刷及其大小，然后先按住键盘的"Shift"键在地形上单击鼠标左键进行高度采样。采样完成时"Settings"栏中的"Height"属性的值会变为采集到的高度值，放开"Shift"键后用鼠标左键在"Scene"窗口中单击地形对象就可以修整出一块平地，如图3-7所示。同样，在"山体"侧面连续利用上述"高度采集"和"高度设置"技巧，可以修整出山路的效果，如图3-8所示。

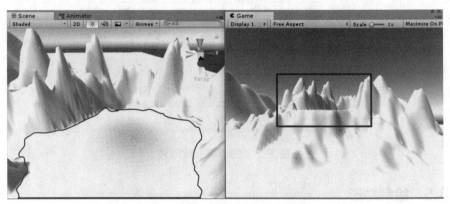

图3-7　利用地形取平功能修整出平地的效果

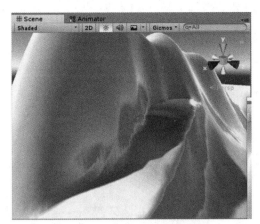

图 3-8　利用地形取平功能修整出山路的效果

3.4 美化地形

利用"Terrain"组件的"地形抬升或下沉""地形取平""地形平滑"功能可以创造出各种高低起伏的复杂地形地貌，但是得到的地形是纯白色的，其观感与真实地形差别很大。要想得到具有真实感的自然地形场景，还需要借助"地形贴图""植树"和"种草"三大功能来实现，并应设置光源和阴影。

3.4.1 载入环境标准资源

在"Project"窗口"Assets"文件夹的空白处单击鼠标右键，在弹出菜单中选择"Import Package->Environment（环境）"选项，在弹出的"Import Unity Package"窗口中单击"All"按钮，选择所有文件，然后单击"Import"按钮确认，如图 3-9 所示。

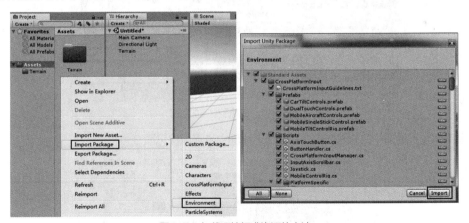

图 3-9　加载环境标准资源的方法

3.4.2 地形贴图

一个地形对象可以同时使用多张贴图，其中，最先导入的贴图将默认成为地形的基底贴图并自动铺满整个地形表面，而其他贴图的图案则需要在界面中用笔刷在不同的部位进行绘制。切换到贴图工具并编辑贴图的操作如图 3-10 所示。

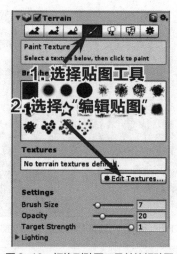

图 3-10　切换到贴图工具并编辑贴图

在地形对象中添加一张贴图的操作如图 3-11 所示（图中步骤承接见图 3-10）。

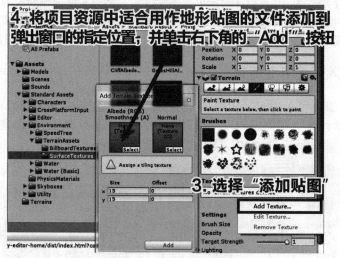

图 3-11　在地形中添加贴图

将贴图绘制到地形中的方法如图 3-12 所示（图中步骤承接见图 3-11）。

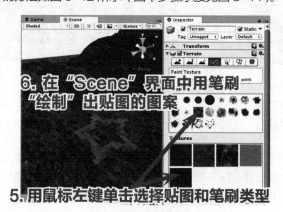

图 3-12　绘制贴图

3.4.3 植树

接下来可以用"植树"功能在地形上植树造林。与地形贴图功能类似，需要先载入树木的模型，然后选择使用不同的树木模型和笔刷并设置其他属性（具体见表 3-1 后），再到"Scene"窗口用鼠标在地形对象上绘制出树木。在使用该功能时需要注意，树木模型的来源不同可能会导致其大小比例不一致，从而破坏真实感。为了解决这个问题，可以先将不同来源的树木模型导入一个新场景中，在加入参照物后通过调整树木对象"Transform"组件的"Scale"属性值将所有模型调整到合适的大小，然后分别创建树木预制体，如图 3-13 所示。

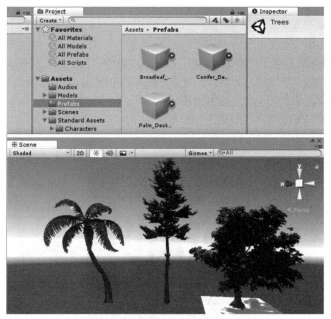

图 3-13　创建比例合适的树木预制体

回到制作地形的场景，在"Hierarchy"窗口中用鼠标左键单击地形对象后，在"Inspector"窗口的"Terrain"组件上切换到"植树"功能。选择不同的树木模型后，用笔刷在场景中的地形上种植出不同的树木，如图 3-14 所示，其中影响种植效果的参数如表 3-1 所示。

图 3-14　用笔刷指定位置"种植"树木

表 3-1   "植树"功能的参数说明

参数名称	作用
Brush Size	指定笔刷的大小，也就是植树的范围
Tree Density	树木的密度，决定在地形上单击一次鼠标能出现树木的数量
Tree Height	树木高度，如果取消勾选"Random"，则同类型的树木高度与预制体一致；如果勾选"Random"，则所种植树木的高度在该选项指定的范围内随机变化
Lock Width to Height	锁定树木对象的宽高比，避免高度随机变化时比例失真
Random Tree Rotation	树木在摆放时绕自身坐标系 y 轴旋转随机的角度

3.4.4 种草

Unity 的地形编辑器还提供了"种草"功能，在地形对象的"Terrain"组件单击左起第 6 个功能按钮即可进入"种草"功能。与地形贴图类似，需要先载入草的贴图，然后选择使用不同的贴图和笔刷，在"Scene"窗口用鼠标在地形对象上绘制出草丛。

添加草的贴图的方法如图 3-15 和图 3-16 所示。

图 3-15 进入"种草"功能并编辑"Details"属性以添加草的贴图

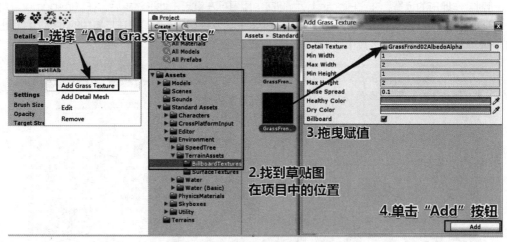

图 3-16 添加草贴图

在地形对象"Terrain"上绘制出草地的具体方法如图 3-17 所示。

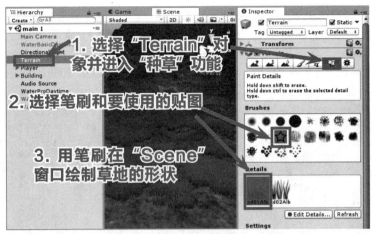

图 3-17　在当前场景的地形对象上"种草"

3.4.5　添加光源和阴影

默认情况下，Unity 在场景中添加了平行光对象"Directional Light"，该对象的"Light"组件为当前场景提供了平行光源。"Inspector"窗口中显示的"Light"组件如图 3-18 所示，其中常用属性的作用如表 3-2 所示。

图 3-18　光源对象的"Light"组件

表 3-2　　　　　　　　　　　　　"Light"组件的常用属性

属性名称	作用
Type	光源类型，可选项有：Spot（聚光灯），Directional（平行光），Point（点光源），Area（局域光，只用于烘培）
Color	光的颜色
Intensity	光强
Shadow Type	阴影类型，可选项有：No Shadows（不产生阴影），Hard Shadow（硬边缘的阴影，类似于真空中产生的阴影），Soft Shadows（软边缘的阴影，最接近真实的阴影）

65

平行光源可以很好地模拟实际环境中距离遥远的光源，比如阳光和月光。当场景中包含平行光对象"Directional Light"时，Unity 会在天空盒上渲染出太阳（或月亮）的图案并使之与场景中最先加入的"Directional Light"对象关联（如果有多个平行光源的话），此时调整"Directional Light"的朝向，会使天空中的太阳（或月亮）随之移动，从而很好地模拟现实中的情况，如图 3-19 所示。

图 3-19　调整平行光源的方向会使太阳（或月亮）相应移动

3.5　添加静态物体和水面

在 Unity 中，可以直接在场景中加入具有简单几何形状的游戏物体，也可以通过载入外部模型资源在场景中加入具有复杂形状或者特殊视觉效果的游戏物体。本节就以柱子、房屋以及水面为例，介绍在 Unity 中添加上述几种游戏物体的方法。

3.5.1　创建基本几何体

1. Unity 中可以创建的几何体

在"Hierarchy"窗口中，单击鼠标右键，在弹出菜单中有选项"3D Object"，在该选项下有多个子选项可以用于创建简单几何形状，常用的有"Cube（正方体）""Sphere（球体）""Capsule（胶囊体）""Cylinder（圆柱体）""Plane（平面）"等。上述对象都包含"Collider"组件和"Mesh Renderer"组件，前者决定对象的碰撞属性，后者决定对象的可见性。

2. 创建一个柱子

以在场景中添加一个柱子为例，具体操作方法为：在"Hierarchy"窗口的空白处单击鼠标右键，在弹出菜单中选择"3D Object->Cylinder"，从而在场景中添加一个圆柱体。再用鼠标左键单击 Unity 功能菜单栏中的"GameObject"菜单并选择"Move To View"选项，将圆柱体移动到"Scene"窗口中间。利用 Unity 界面左上角工具栏中的移动工具将圆柱体移动到合适的位置，比如湖边，然后利用比例调整工具或者该圆柱体对象"Transform"组件中的"Scale"属性将其长度和半径调整到合适的大小。上述过程如图 3-20 所示。

3. 游戏物体的材质

默认情况下，通过上述方法添加的游戏物体的材质为"Default-Material（默认材质）"。在"Inspector"窗口中的"Mesh Renderer"组件中可以看到，如图 3-21 所示，"Materials"属性为物体所使用材质的数组，"Size"表示数组长度也就是材质的个数，以下每个"Element"代表一个材质。从性能方面考虑，模型一般使用单一材质，如果想改变物体外观的视觉效果，可以通过重新指定材质数组中"Element 0"的材质来实现。

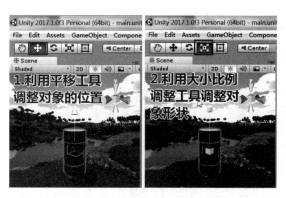

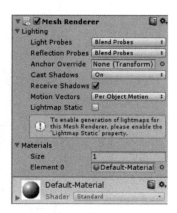

图 3-20　在"Scene"窗口调整对象的位置和大小　　图 3-21　Unity 中所创建三维物体使用默认材质

3.5.2　添加外部模型

1. 导入外部资源

类似房子之类的复杂模型，需要在 3D Max 等建模软件中制作，导出成"FBX"文件后导入 Unity 项目中使用。一般应该在"Assets"文件夹中创建"Models"文件夹，用于存放从外部导入的模型资源，如果一个模型包含较多的文件（包含材质和贴图文件），则可以在"Models"文件夹中创建子文件夹来存放单个模型。本案例中，房子的模型已经被打包为 Unity 资源包，只需要直接导入，导入成功后再将资源包中包含的"House"文件夹移动到"Models"文件夹中即可，如图 3-22 所示。

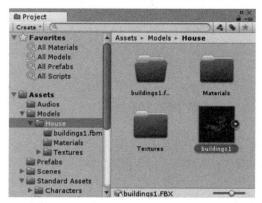

图 3-22　导入本章资源包并将"House"文件夹移入"Models"文件夹后的状况

2. 将模型加载到场景中

"House"文件夹中的"buildings1"文件即为 Unity 中可用的"FBX"模型文件，直接用鼠标左键将其拖曳到"Scene"窗口，放置到地形上合适的位置即可，但是由于地形不平整导致房屋有部分被地形埋住，如图 3-23 所示。

3. 使模型与地形融合

从图 3-23 中可以看到，由于地形起伏不平，地面与房子模型的下缘融合得并不好，因此需要利用地形取平工具结合键盘"Shift"键将房子模型四周的地面修平整，具体操作方法参见本章 3.3 中"修整"平地的方法，最终效果如图 3-24 所示。

图 3-23　由于地形不平整导致房屋有部分被地形埋住

图 3-24　"修整"房屋周围地形后的效果

3.5.3　添加水面

给挖好的湖泊装上水，其本质是向场景中添加一个有特殊材质的平面，该平面可以在游戏运行时模拟出水面的效果。

1. 资源分析

在创建地形的时候已经加载了 Unity 标准资源包 "Environment"，可以从 "Project" 窗口的文件路径 "Assets\Standard Assets\Environment\" 下找到两个和水面效果有关的文件夹 "Water (Basic)" 和 "Water"。其中 "Water (Basic)" 文件夹中的 "Prefabs" 子文件夹中提供了两种基础水面对象 "WaterBasicDaytime" 和 "WaterBasicNightime" 分别对应白天和晚上的水面；而 "Water" 文件夹中则提供了 "Water" 和 "Water4" 两个版本的水面效果对象，其中 "Water" 版本包含 "WaterProDaytime" 和 "WaterProNighttime" 两个对象，同样分别对应白天和夜晚的水面，而 "Water4" 版本则提供了 "Water4Simple" 和 "Water4Advanced" 两个版本。从使用效果来看，"Water (Basic)" 版本只有简单的水面起伏效果，没有水面的反射效果，而其他版本都有反射、折射效果，能更好地模拟水面。另外，"Water" 版本的水面相对平静，"Water4" 版本的水面波浪相对大一些，可以根据需要选用。

2. 加载水面对象

在本项目中，我们使用 "Water" 版本的 "WaterProDaytime"。将预制体 "WaterProDaytime" 拖曳到 "Hierarchy" 窗口中，并在 "Scene" 窗口用平移工具和平面缩放工具快速调整其位置和大小比例，使水面刚好覆盖整个湖面。然后在 "Hierarchy" 窗口中单击 "WaterProDaytime" 对象再到 "Inspector" 窗口找到 "Water" 组件进行更进一步的设置。

3. 设置水面反光和折射效果

"Water Mode"属性的三个选项"Simple""Reflective"和"Refractive"分别对应无反射、反射和折射三种效果。如果需要模拟较深的水体应该选"Reflective"属性，其所呈现的效果是反射水面附近以及天空的映像，但看不到水底；如果需要模拟较浅的或者清澈见底的水体，则应该选"Refractive"属性，其所呈现的效果既有倒影又能看到水底。通过设置"Reflective layers"和"Refractive layers"两个属性可以分别决定哪些物体会呈现倒影和能够透过水面被看到，默认情况下这两个选项的值都为"Everything"即对所有物体都有效，如果不希望反射和折射效果对某些游戏物体有效，可以将这些物体编入自定义的"layer（层）"中（比如创建名为"DonotReflect"和"DonotRefract"的两个"layer"，再把不呈现倒影的对象加入"DonotReflect"层，把不透过水面显示的对象加入"DonotRefract"层），然后在设置"Reflective layers"和"Refractive layers"两个属性时排除对应的自定义"layer"即可。

此外值得注意的一个属性是"Clip Plane Offset"，调整这个选项的值可以改变倒影相对水面的偏移量，必要的时候可以适当调整这个值，使倒影效果更加接近现实状况，如图 3-25 所示。

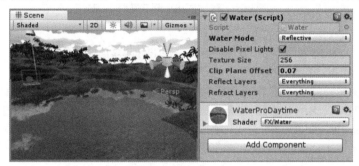

图 3-25　水面对象及其"Water"组件

3.6　实现漫游功能

为了能够让玩家欣赏到本章的成果，需要实现漫游功能。Unity 提供了角色控制标准资源，利用该资源可以快速实现场景漫游功能。

3.6.1　添加第一人称控制器

1. 载入角色控制标准资源

第一人称控制器是 Unity 提供的标准资源，可以直接应用于需要第一人称漫游的场景中。要使用该资源，首先要载入角色控制标准资源，如图 3-26 所示。

2. 删除主摄像机对象"Main Camera"

由于将要加载的"第一人称控制对象"自带摄像机组件，创建场景时默认添加的主摄像机对象"Main Camera"不但没有用还会给场景漫游功能带来干扰，因此需要将其删除。到"Hierarchy"窗口用鼠标左键单击"Main Camera"对象使其处于被选中状态，然后按下键盘上的"Delete"键将其删除。

第一人称
控制器的
使用

3. 导入第一人称控制对象

在"Project"窗口的文件路径"Assets\Standard Assets\FirstPersonCharacter\Prefabs\"下可以找到预制体"FPSController"，用鼠标左键将其拖曳到"Scene"窗口中合适的位置从而创建出"FPSController"对象。然后到"Hierarchy"窗口将"FPSController"对象更名为"Player"，随后运行游戏即可从"Game"窗口体验到第一人称漫游的效果。鼠标可以控制观察的方向，键盘的"W""S""A""D"键或者方向键分别对应前进、后退、左平移、右平移，空格键对应跳跃。从"Scene"

窗口可以观察"Player"对象及摄像机在场景中的运动状况，如图 3-27 所示。

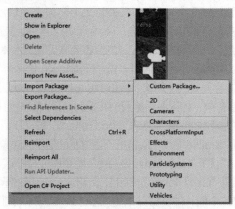

图 3-26　载入角色控制标准资源的方法

4. 第一人称控制对象各组件的功能简介

到"Inspector"窗口查看"Player"对象的组件，可以发现该对象包含"Character Controller""First Person Controller""Rigidbody""Audio Source"组件，此外它还包含一个名为"FirstPersonCharacter"的子对象，该子对象中包含一个"Camera"组件。其中，"Character Controller"组件是一种特殊的"Collider（碰撞器）"，与"Rigidbody（刚体）"组件配合，专门用于游戏角色；"First Person Controller"是控制第一人称游戏对象的程序脚本；"Audio Source"组件可提供角色运动时的音效；"FirstPersonCharacter"子对象上的"Camera"组件可决定玩家在游戏中的视角。

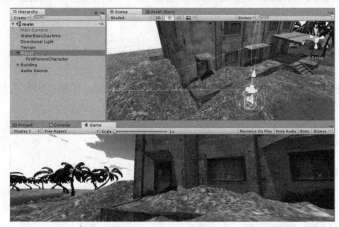

图 3-27　第一人称漫游时"Game"窗口和"Scene"窗口的效果

3.6.2　添加碰撞检测功能

此时，在"Game"窗口操纵游戏对象贴近房子时会发现可以穿墙而过，这是因为从外部导入的房子模型并不具有"Collider（碰撞体）"组件。要让房子成为碰撞体有两种方法。

1. 使用"Mesh Collider"组件

这种方法是在建模的时候，对同一个对象，分别建一个将要在场景中渲染的相对精细的模型和一个仅仅充当"碰撞体"的尽量简单的模型（以下统称简模），然后将它们同时载入项目。当精细模型加载到场景中后为其添加一个"Mesh Collider"组件，并将该组件中的"Mesh"属性设置为简单模型的"mesh"。使用这个方法时要注意，两个模型代表同一个物体，分别实现外观显示功能和物理碰撞功能，因此两个模型在建模时的参考点、总体大小尺寸、方向等应该完全一致。

2. 使用多个"Cube"对象充当"碰撞体"

在很多情况下，模型并没有可充当"碰撞体"的"简模"，此时就需要开发者在 Unity 中利用"Cube"对象为模型搭建一个"简模"来充当"碰撞体"。当然为了不"穿帮"，在完成搭建后要将"Cube"对象的"Mesh Filter"组件和"Mesh Renderer"组件去掉。

使用多个"Cube"
对象充当
"碰撞体"（上）

在本项目中使用这种办法。以添加地板碰撞体为例，具体操作方法为：在场景中添加一个基本形状对象"Cube"，利用"Scene"窗口右上角的视角切换工具切换到正射投影模式的前视图，利用平移工具快速调整"Cube"在"XY"平面上的投影位置，然后切换到左视图快速调整"Cube"在"ZY"平面上的投影位置，从而将"Cube"移动到房屋模型的地板位置，如图 3-28 所示。

使用多个"Cube"
对象充当
"碰撞体"（下）

图 3-28　快速将"Cube"移动到房屋地板上的方法

继续利用正射投影视图以及 Unity 工具栏中的平面缩放工具，快速调整"Cube"的大小和形状，使之与房屋模型的地板重合，如图 3-29 所示。

将"Cube"对象的"Mesh Filter"和"Mesh Renderer"组件删除，再将其设置为房子模型对象的子对象，即可使房屋的地板不能被游戏角色穿过。删除"Cube"对象的一个组件的方法为：在"Hierarchy"窗口用鼠标左键单击"Cube"对象使其组件在"Inspector"窗口中显示，在需要删除的组件右侧单击齿轮图案并在下拉菜单中选择"Remove Component"选项将其删除，如图 3-30 所示。

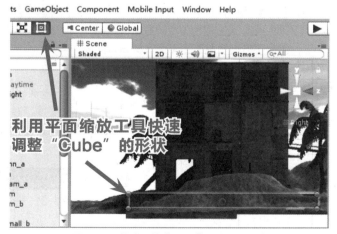

图 3-29　快速调整"Cube"的大小和形状

图 3-30　删除一个组件的方法

　　用同样的方法，继续设置多个"Cube"对象，充当台阶、墙壁等位置的碰撞器。设置完成后，运行游戏，可以发现穿墙现象已经不存在了。

3.7　添加其他环境效果

　　利用 Unity 提供的标准资源、光线设置、摄像机属性以及声音源，可以更改场景的天空效果、添加雾效果和音效。

3.7.1　更改天空盒

什么是
天空盒

1. Unity 天空盒材质
　　在 Unity 中，天空的效果是通过在"Lighting"窗口指定天空盒材质来实现的。天空盒材质是一种特殊的材质，使用的"Shader"为"Skybox/6 Sided"，并包含上、下、前、后、左、右 6 个方向的贴图，如图 3-31 所示。

2. 载入标准资源中的天空盒材质
　　Unity 的标准资源包含了一组"Skyboxes（天空盒材质）"。将资源包"Skyboxes"导入项目后，天空盒相关资源在文件路径"Assets\Skyboxes\"下，包含了各种情况下的天空盒材质，比如晴天、多云、黑夜和月光等。

3. 将天空盒材质应用到当前场景
　　要切换当前场景中的天空盒材质，可用鼠标左键单击 Unity 菜单栏中的"Window"菜单并选择"Lighting->Settings"选项，在弹出的"Lighting"窗口中单击"Scene"按钮显示"Environment"属性栏的"Skybox Material"属性，从"Project"窗口中将天空盒材质拖曳赋值给"Skybox Material"属性即可改变场景中天空的效果，如图 3-32 所示。

如何更改
天空盒

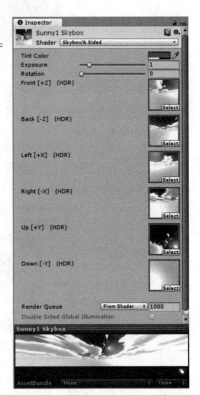

图 3-31　一个典型的 Unity 天空盒材质

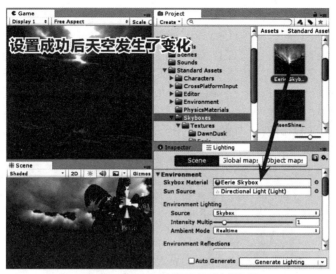

图 3-32　将天空盒材质应用到当前场景

3.7.2　添加雾气效果

在 Unity 中，可以通过"Lighting"窗口设置雾气效果，在"Lighting"窗口中单击"Scene"按钮，可以看到属性栏"Other Settings"，其中包含"Fog"属性。默认情况下"Fog"属性处于未勾选状态，要使用雾气效果，则应勾选"Fog"属性，然后设置和雾气效果相关的几个属性的值："Color"属性设置雾气的颜色，"Mode"属性可设置雾气透光性的计算模式，"Density"属性设置雾气的浓度，如图 3-33 所示。其中"Mode"的三个选项分别为"Linear（线性）""Exponential（指数）"和"Exponential Square（指数平方）"，三个选项从前到后依次接近真实效果，但计算复杂度也相应增加，也就是说选择的效果越真实在运行该项目时占用的计算资源越多。

图 3-33　"Lighting"窗口中与雾气效果相关的属性

3.7.3　添加音效

1. Unity 中声音的工作原理和注意事项

在 Unity 中，虚拟场景里的声音是通过游戏对象的"Audio Source（声音源）"组件来提供的，而玩家听到的声音则由摄像机对象的"Audio Listener（声音感受器）"组件来接收，也就是说"Audio Source"组件是"音源"，而"Audio Listener"组件则充当玩家的"耳朵"。Unity规定一个场景中只能有一个"Audio Listener"组件处于工作状态，否则在项目运行时"Console"窗口会出现警告信息。

以本项目为例，在实现漫游功能时导入了"FPSController"对象，该对象的子对象"First Person Character（第一人称控制器）"包含一个"Audio Listener"组件，而场景中原主摄像机"Main Camera"对象也包含一个"Audio Listener"组件，如果忘了将"Main Camera"对象删除，则在项目运行时会在"Console"窗口出现警告信息，如图3-34所示。

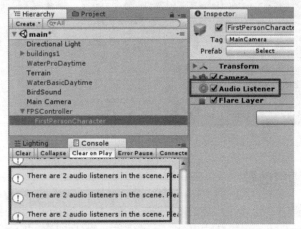

图3-34　当场景中有多个"Audio Listener"组件处于工作状态时的警告信息

当玩家在场景中行走和跳跃时，可以听到相应的音效，这是因为"FPSController"对象包含一个"Audio Source"组件用于播放行走音效，在什么时候播放哪种声音由脚本组件"First Person Controller"决定，如图3-35所示。

2. 添加鸟叫的三维音效

利用"Audio Source"组件，还可以在场景中加入鸟叫声并模拟三维效果，当玩家远离声音源时，听到的音量会逐渐减小以至消失。

（1）将声音文件导入项目中

首先要在项目中加入新的声音文件，在"Project"窗口的"Assets"文件夹中创建"Audios"文件夹，将素材"bird01.mp3"复制到该文件夹中。

（2）创建声音源对象

在"Hierarchy"窗口空白处单击鼠标右键，在弹出菜单中选择"Audio->Audio Source"从而在场景中添加一个声音源对象，该对象是一个包含"Audio Source"组件的空对象。将其移动到场景中合适的位置上，比如树林中。

（3）设置"Audio Source"组件

"Audio Source"组件自带三维效果功能，并且可以手动指定播放的声音文件，不需要额外的脚本控制，因此接下来的操作只需要在该组件中进行设置即可。在"Hierarchy"窗口单击声音源对象"Audio Source"，再到"Project"窗口的文件路径"Assets\Audios\"下将"bird01.mp3"文件用鼠标左键拖曳到"Inspector"窗口"Audio Source"组件的"AudioClip"属性上。

将"Spatial Blend"属性的值设置为1，从而使音源呈现完全的3D效果。此外还要设置"3D Sound Settings"属性栏下的"Min Distance（最近距离）"和"Max Distance（最远距离）"两个属性值。在本项目中，根据地形的大小规模，"Min Distance"可取默认值，"Max Distance"可设为40，在"Scene"窗口用鼠标滚轮将观察视角拉远，可以看到声音的影响范围是一个球形，"Max Distance"决定了球形的大小。

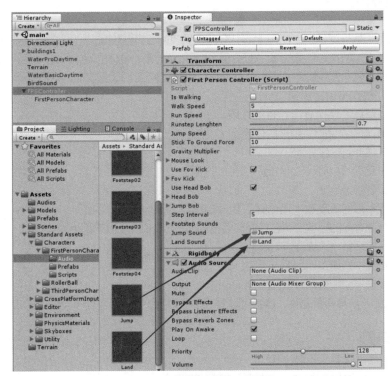

图 3-35　脚步声音效的工作原理

按图 3-36 设置完成后，玩家可在"Game"窗口漫游到场景中的不同位置，感受鸟鸣声的远近变化。

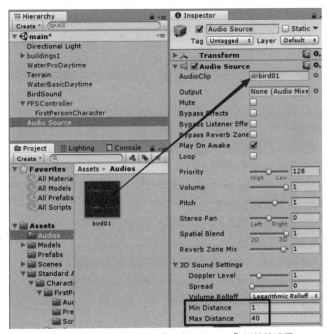

图 3-36　鸟叫声音源对象"Audio Source"组件的设置

3.8 本章小结

本章通过案例"湖光山色"，介绍了 Unity 中创建自然 3D 地形场景的方法，并介绍了包括水面、天空、雾气、声音在内的环境效果的使用方法。此外还介绍了地形上其他静态物体的添加方法，以及第一人称漫游、碰撞检测功能的快速实现方法。本章中的功能均直接通过标准资源和组件设置实现，不需要另行编写脚本程序。

（1）本章涉及的知识点

① 地形对象及其"Terrain"组件的作用。

② 光线对象及其"Light"组件的作用。

③ "预制体"的概念及其用法。

④ 声音对象及其"Audio Source"组件的作用。

（2）本章涉及的技能点

① 如何利用地形对象及其"Terrain"组件制作自然 3D 地形。

② 如何将外部导入的模型资源进行调整后再制作成预制体并应用到项目中。

③ 如何快速实现第一人称漫游功能。

④ 如何在场景中快速实现水面、天空、雾气效果。

⑤ 如何在场景中添加音效并设置其 3D 效果。

本章所介绍的方法具有普遍性，读者可以参照本章内容快速设计制作一个优美的自然场景。

3.9 习题

1. 在 Unity 中创建和编辑地形，以下说法错误的是（　　）。

A. 在场景中创建地形对象的同时，Unity 会在"Assets"文件夹中创建对应的地形文件，该文件会存储地形编辑的效果

B. 通过设置地形对象"Terrain"组件的相关属性即可对地形进行编辑

C. 为了实现下陷的地貌，需要先利用地形对象"Terrain"组件的"地形取平"功能设置合适的基准高度

D. 可以利用地形对象"Terrain"组件的"植树"功能在地形上放置树木模型，每次"植树"操作可以同时放置多种树木模型

2. 以下关于"Light"组件的说法，错误的是（　　）。

A. 所有光源对象都具有"Light"组件，添加了"Light"组件的游戏物体都可以成为光源

B. 利用"Light"组件可以设置光源的类型、颜色和亮度

C. "Light"组件只在实时渲染中起作用

D. 利用"Light"组件的"Shadow Type"组件可以设置光源所产生阴影的类型

3. 以下关于预制体的说法，错误的是（　　）。

A. 预制体是某个游戏对象的"范本"，其本质是一种资源

B. 修改预制体的属性不会影响通过该预制体创建的游戏对象

C. 通过预制体创建的对象在"Hierarchy"窗口中的名称显示为蓝色

D. 利用预制体可以很方便地在场景中复制出多个相同的游戏对象

4. 以下关于场景漫游功能的说法，错误的是（　　）。

A. 漫游功能只能依靠 Unity 标准资源来实现

B. Unity 标准资源中包含"第一人称"和"第三人称"两种控制器的预制体，可直接用于实现场景漫游功能

C. "第一人称"控制器具有"Rigibody"组件和"Collider"组件，而地形对象具有"Collider"组件，因此在漫游时玩家不会陷入地面

D. 通过 Unity 直接在场景中创建的基本几何对象都具有"Collider"组件，因此使用"第一人称"控制器实现的漫游功能可以避免"穿透"这些几何对象

5. 以下说法错误的是（　　）。

A. 开发者可以在 Unity 的"Lighting"窗口自定义天空盒

B. 在场景中添加的第一个"Directional Light"对象会自动成为阳光或者月光，并在天空盒上渲染出表示太阳或者月亮的图案

C. 雾效果可以在 Unity 的"Lighting"窗口中设置

D. 添加了"Audio Listener"组件的物体用于合成场景中玩家听到的声音效果，同一个场景中可以有多个具有"Audio Listener"组件的物体，不会发生冲突

3.10 中英文对照表

英文单词	中文释义
Audio	音频
Audio Clip	音频剪辑（声音文件）
Audio Listener	声音感受器
Audio Source	声音源
Brushes	笔刷
Brush Size	笔刷大小
Character Controller	角色控制器
Details	详情
Directional Light	平行光
Environment	环境
First Person Controller	第一人称控制器
Flatten	展平
Fog	雾气
Height	高度
Layer	层
Light	光照
Move To View	移动到当前（Scene 窗口的）视野中
Opacity	不透明度
Other Settings	其他设置
Reflective	反射
Refractive	折射
Remove Component	移除组件
Resolution	分辨率
Settings	设置
Shader	着色器
Simple	普通
Skybox Material	天空盒材质
Spatial Blend	空间融合
Terrain	地形

第 4 章

角色控制和道具
拾取——坦克大战

04

4.1 项目概览

在本章的项目作品中，玩家可以利用键盘和鼠标控制坦克移动和开炮，坦克和炮弹会被建筑物阻挡，坦克可以拾取道具从而使自身属性发生变化。

通过实现该项目，读者将学习如何编写程序脚本来实现坦克的运动控制，以及如何综合利用射线、碰撞检测、触发器来实现坦克开火功能和道具拾取功能。

4.1.1 学习目标

了解 Unity 脚本的用途及其基本结构。

了解 Unity 中"射线"的作用。

了解 Unity 中"协程"的作用。

了解 Unity 中"层"的作用。

了解 Unity 中"碰撞"的概念及其作用。

掌握用脚本控制游戏对象运动的多种方法。

掌握利用碰撞检测实现阻挡效果以及道具拾取功能的方法。

掌握利用"协程"实现"武器装填时间"和"道具有效时间"的方法。

4.1.2 项目需求

1. 坦克的移动和开炮控制

在本项目中，玩家通过键盘的"W"和"S"键（或者上下方向键）控制坦克前进和后退，通过"A"和"D"键（或者左右方向键）控制坦克左、右转弯，通过鼠标在场景中选择炮击位置从而引导坦克的炮塔以一定的角速度旋转并最终将炮口对准炮击位置，再按下鼠标左键发射炮弹并击中目标。

2．建筑物的阻挡作用

在场景中会有建筑物，坦克在移动过程中会被建筑物阻挡，如果炮击位置和坦克之间有建筑物，则炮弹会被建筑物阻挡从而不能顺利击中目标。

3．道具的类别和作用

本项目中有"恢复生命值"和"增加移动速度"两种功能道具，以两种不同外观的油桶呈现，坦克通过触碰来拾取道具并获得相应的功能，其中"恢复生命值"道具能使坦克的生命值永久增加一定数值，而"增加移动速度"道具则在一定时间内使坦克的移动速度增加一定数值。道具被拾取之后立即在场景中消失。

图 4-1　游戏画面效果

4．游戏画面效果

游戏画面效果如图 4-1 所示。

4.2　创建坦克并实现其移动控制

在本节中，将介绍如何通过载入资源快速创建场景和坦克对象，并重点介绍如何通过脚本利用"Input"对象和"Transform"组件实现坦克的移动控制。

4.2.1　创建工程和场景并载入坦克模型

1．导入资源包并加载对象

首先创建新 3D 工程并命名为"MyTank"，导入坦克模型资源包"M4A3E2"和场景模型资源包"Environment"。接着从"Project"窗口的文件路径"Assets\ImportAssets\MS\M4A3E2\ Vehicles\ Asset\"下将坦克模型预制体"M4A3E2_4"拖曳到"Hierarchy"窗口，再从文件路径"Assets\Import Assets\Environment"下将场景预制体"Environment"也拖曳到"Hierarchy"窗口，从而将坦克对象和环境对象都加载到场景中。

2．设置坦克的位置

在"Scene"窗口调整观察角度，查看坦克对象"M4A3E2_4"是否位于房子模型不远的位置，如果有需要则利用平移工具调整其位置，摆放好的位置如图 4-2 所示。

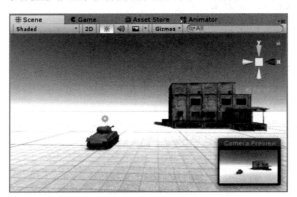

图 4-2　摆放好的坦克

3．保存场景

在"Project"窗口的"Assets"文件夹中创建新文件夹并命名为"Scenes"，按组合键"Ctrl+S"将当前场景保存到"Scenes"文件夹中并命名为"MyTank"。

4.2.2　坦克移动和旋转控制功能的实现

在本项目中，玩家通过键盘上的"W"键和"S"键（或上下方向键）分别控制坦克前进和后退，"A"键和"D"键（或左右方向键）分别控制坦克左转和右转。

1. 坦克的整体平移控制

（1）创建存放脚本的文件夹

为了便于管理，要在"Project"窗口的"Assets"文件夹中创建一个新文件夹并命名为"Scripts"，专门用于存放开发者自己编写的脚本。

（2）创建第一个C#脚本

在"Project"窗口文件路径"Assets\Scripts\"下的空白处单击鼠标右键，在弹出菜单中选择"Create->C# Script"从而创建出新脚本文件，再从键盘输入文件名"TankMover"并按"回车"键，即可创建出名为"TankMover"的C#脚本。

（3）打开"TankMover"脚本

在"Project"窗口的文件路径"Assets\Scripts\"下用鼠标左键双击C#脚本"TankMover"，该脚本会在脚本编辑器中打开并进入可编辑状态。在Unity 2017或者更老的版本中，默认的脚本编辑器为MonoDevelop。

（4）确保脚本文件名与其定义的类名一致

在Unity中，一个脚本定义一个继承自"MonoBehaviour"的类，类名即为脚本的文件名。如果脚本中的类名和文件名不一致，会导致项目无法运行，因此如果需要更改脚本文件的名字，必需同时更改文件名和类名。

（5）编写"TankMover"脚本的代码

在"TankMover"脚本中添加能让玩家操控坦克前进和后退的代码。具体代码如图4-3所示。

```
using System.Collections;
using System.Collections.Generic;
using UnityEngine;

public class TankMover : MonoBehaviour {
    //在成员变量声明前加[SerializeField]后，我们就可以在Unity 编辑器的 Inspector
    //中改变变量的值了
    //调控前进后退速度的变量
    [SerializeField] int moveSpeed;
    // 每帧都会被调用一次
    void Update ()
    {
        Move ();
    }

    void Move ()
    {
        transform.position = transform.position + transform.forward * Input.GetAxis
            ("Vertical") * (moveSpeed * Time.deltaTime);
    }
}
```

图 4-3　控制坦克前进和后退的一种代码实现方式

（6）代码解析

在此，对本书提及的C#程序中的函数名称说明如下：由于本书涉及的代码不存在函数重载的情况，凡提及某一具体函数，一般以"函数名()"的形式表述，省略括号中的形参，但如果插图中出现的函数带有形参，则为了图文一致，会在该插图相关的正文中采用和插图一致的表述方式。请读者在阅读过程中注意这一点。

在"TankMover"类中创建 int 型成员变量"moveSpeed"用于调控前进、后退的速率；创建成员函数"Move()"，在该函数中根据玩家的输入和变量"moveSpeed"的值计算出坦克的位置变化量，再利用"transform"对象更新坦克的位置；在"Update()"函数中调用"Move()"函数，从而实现玩家对坦克移动的操控。

其中，在成员变量声明前加[SerializeField]可以使之成为脚本组件的属性，从而开发者可以在 Unity 编辑器的"Inspector"窗口中设置该属性的值。

"Move()"函数中只有一个语句，其中"transform"变量表示坦克对象的"Transform"组件，而"Vector3D"型变量"transform.position"则表示坦克对象的位置。由于"Move()"函数在"Update()"函数中调用，即每渲染一帧都被调用一次，因此坦克的位置变化量是坦克在一帧时间间隔中移动的向量。"Vector3D"型变量"transform.forward"表示坦克前进方向的归一化向量（该向量的模为 1）；而玩家的操作则通过"Input.GetAxis ("Vertical")"获取，当玩家按下键盘"W"键时获得正值，按下"S"键时获得负值；坦克的"前向"乘以玩家"操作值"即可获得坦克的移动方向向量，再乘以移动速率"moveSpeed"和一帧的时间长度"Time.deltaTime"，即可得到坦克在一帧内的移动向量。

（7）将"TankMover"脚本加载到坦克对象上

完成代码的编写后，按组合键"Ctrl+S"保存文件，然后回到 Unity 界面的"Project"窗口，将文件路径"Assets\Scripts\"下的脚本文件"TankMover"用鼠标左键拖曳到"Hierarchy"窗口中的"M4A3E2_4"对象上，从而将"Tank Mover"脚本加载到"M4A3E2_4"对象上成为其组件。

（8）试运行游戏并调整"TankMover"组件的属性值

在"Hierarchy"窗口单击"M4A3E2_4"对象，再到"Inspector"窗口将"Tank Mover"组件的"move speed"属性值设置为 5。

单击 Unity 界面上方的"播放"按钮运行游戏，到"Game"窗口利用键盘"W"键和"S"键控制坦克前、后移动。在运行过程中，到"Inspector"窗口修改"move speed"属性的值，再回到"Game"窗口体验不同速度下的移动效果，反复修改直到获得一个最合适的"move speed"属性值并将其记录下来。

（9）退出运行状态并设置"Tank Mover"组件的属性值

单击 Unity 界面上方的"停止"按钮退出运行状态，再次回到"Inspector"窗口会发现"move speed"属性值变回了 5，需要将它修改为刚才实验获得的最佳值。

游戏试运行状态下对任何属性值的修改，在运行结束后都会被恢复为原状，这是 Unity 的保护机制。如果要使用游戏运行时试验出来的属性值，则需要在运行结束后再次设置，然后按组合键"Ctrl+S"进行保存。

2. 坦克的整体旋转控制

为了让坦克能够转弯，需要进一步完善脚本"TankMover"，根据项目的要求，玩家将通过计算机键盘上的"A"键和"D"键（或者左右方向键）控制坦克的左转弯和右转弯。

（1）打开"TankMover"脚本并编写代码

在 Unity 的"Project"窗口双击"TankMover.cs"文件进入脚本编辑状态，添加能让玩家操控坦克左转和右转的代码，如图 4-4 所示。

```
using System.Collections;
using System.Collections.Generic;
using UnityEngine;

public class TankMover : MonoBehaviour {
    //在成员变量声明前加[SerializeField]后，我们就可以在 Unity 编辑器的 Inspector
    //中改变变量的值了
    //调控前进后退速度的变量
    [SerializeField] int moveSpeed;
    //调控左右旋转速度的变量
     [SerializeField] int turnSpeed;
```

图 4-4 控制坦克前进、后退及转弯的一种代码实现方式

```
// 每帧都会被调用一次
  void Update ()
  {
    Move ();
  }

  void Move ()
  {
    // 计算新的位置
    Vector3 newPosition = transform.position + transform.forward * Input.GetAxis ("Ve
    rtical") * (moveSpeed * Time.deltaTime);
    // 计算新的旋转
    Quaternion newRotation = transform.rotation *
      Quaternion.Euler (0, turnSpeed * Input.GetAxis ("Horizontal") * Time.deltaTime, 0);
    // 更新对象的方位
    transform.SetPositionAndRotation (newPosition, newRotation);
  }
}
```

图4-4　控制坦克前进、后退及转弯的一种代码实现方式（续）

（2）代码解析

在"TankMover"类中添加int型成员变量"turnSpeed"用于调控坦克转弯的快慢。在"Move()"函数中，添加计算坦克旋转变化量并更新坦克方位的程序代码。在更新坦克的位置和方向时，利用"transform.SetPositionAndRotation()"函数同时修改坦克的位置和方向更为高效。

"Quaternion"是表示物体旋转值的类，"transform.rotation"就是一个"Quaternion"类型的变量，它表示当前脚本所在物体在三维空间中的朝向。只要知道物体分别围绕"X""Y""Z"轴转过的角度就可以将这些角度转化为一个"Quaternion"类型的对象，将其与该物体的"transform.rotation"变量相乘即可得到物体的新朝向。

从计算的角度分析，程序通过"Input.GetAxis ("Horizontal")"获得玩家的输入，当玩家按下键盘"A"键时获得负值，按下"D"键时获得正值，玩家输入值乘以旋转角速率"turnSpeed"以及一帧时间长度"Time.deltaTime"即可获得坦克在一帧时间内围绕"Y"轴转过的角度，而坦克围绕"X"轴和"Z"轴转过的角度为0；利用转换函数将坦克围绕三个轴转过的角度值转换为"Quaternion"型的值，再与坦克的"transform.rotation"相乘就得到了旋转后的旋转值。

（3）试运行游戏

在完成代码的编写后，按键盘组合键"Ctrl+S"保存文件，然后到"Hierarchy"窗口用鼠标左键单击坦克对象，到"Inspector"窗口将"Tank Mover"组件的"Turm Speed"属性值设置为30。运行游戏，在"Game"窗口中即可体验其效果。可根据需要修改"Turm Speed"的值以获得最佳效果。

4.3　坦克炮塔的转动控制

本节将讲解如何实现以下功能：玩家用鼠标左键选择攻击目标位置，炮塔根据玩家的选择以恒定的角速度转动使炮口朝向目标位置。

4.3.1　调整坦克模型

1. 查看坦克对象的具体结构以及炮塔的状况

由于坦克的炮塔可以相对于车身自由左右旋转，因此要对原来的坦克模型进行适当的调整，以便进行有效的控制。在"Hierarchy"窗口中选中坦克模型对象，并单击其前面的小箭

在 Unity 中
调整模型
对象

头可展开其具体结构，如图4-5所示。

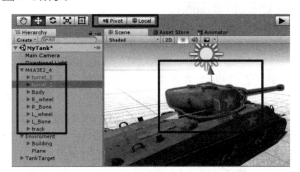

图4-5　坦克对象的具体结构以及炮塔的状况

"turret_1"和"turret_2"为坦克的两个版本的炮塔，其中"turret_1"处于非激活状态，因此在"Scene"窗口看到的炮塔是"turret_2"，其他对象为坦克车身各部分。

在"Hierarchy"窗口中用鼠标左键单击炮塔"turret_2"，然后将坐标轴显示模式设置为"Pivot（锚点）"和"Local（自身坐标）"，如图4-5所示，从而可以在"Scene"窗口中观察到炮塔自身坐标系的状况。可以发现炮塔的"Z"方向朝上，"Y"方向朝后，这与 Unity 中"Z"方向为前方、"Y"方向为上方的惯例不符合，将会给旋转控制带来很大的麻烦，因此需要对这个炮塔模型进行调整。

2. 调整炮塔对象的自身坐标系

（1）删除"turret_1"

在"Hierarchy"窗口中将不需要显示的"turret_1"删除。

（2）创建"turret_2"的空子对象并命名为"Turret"

在"turret_2"上单击鼠标右键并在弹出菜单中选择"Create Empty（创建空对象）"选项，创建出"turret_2"的一个空子对象"GameObject"；将"GameObject"更名为"Turret"。

（3）将"Turret"设置为"M4A3E2_4"的子对象并设置"Rotation"属性

在"Hierarchy"窗口中，用鼠标左键将"Turret"拖曳到坦克对象"M4A3E2_4"上，并将"Turret"的"Transform"组件中的"Rotation"属性的三个分量全部设置为0。

（4）将"turret_2"设置为"Turret"的子对象

在"Hierarchy"窗口中，将"turret_2"用鼠标拖曳到"Turret"对象上，使"turret_2"成为"Turret"的子对象。

（5）最终效果

通过以上步骤的调整，"Turret"对象成为新的炮塔对象，并且其方位符合 Unity 中"Z"方向为前方、"Y"方向为上方的惯例，如图4-6所示。

图4-6　调整炮塔对象自身坐标系的最终效果

4.3.2　炮塔旋转功能的实现原理

要实现炮塔的旋转功能，首先要让坦克"知道"炮击的位置，而炮击位置是玩家通过鼠标在场景的地形上选择的，当鼠标指向地面时，炮击位置随鼠标的移动而移动，当鼠标离开地面时，炮击位置则"消失"。如何找到炮击位置呢？在 Unity 中提供了一种帮助我们确定位置的神奇工具——射线对象。开发者可以在脚本代码中确定射线对象的起始点（发射位置）和方向，然后获得射线在三维空间中"照射"到的物体以及"照射"到的位置点。由于要确定的是炮击的位置，因此射线需要照射的对象应该限于地面、建筑物以及敌方坦克，而其他物体则应该被射线忽略。针对这种情况，可以利用 Unity 的分层功能来对物体进行筛选，从而在代码中可以识别射线照射到的是不是可炮击的位置。在此基础上，应把一个醒目的对象摆放到炮击位置的地面上，提示玩家鼠标所指的炮击位置，该对象可称为"炮击位置对象"。

为了更符合现实状况，坦克在"知道"炮击位置的情况下，炮塔要按照一定的角速度旋转，去"追踪"炮击位置，而不应一瞬间就将炮口直接对准炮击位置。为此需要在坦克对象上添加一个空对象充当"瞄准器对象"，该对象需要时刻对准炮击位置，作为炮塔对象"旋转追踪"的参考物。

4.3.3　载入炮击位置和瞄准器对象

1. 载入炮击位置对象

利用粒子系统可以制作出类似"魔法圈"的对象，用于充当炮击位置对象。本章附带的素材提供了这样一个现成的对象，将其载入并使用即可。载入资源包"TankTarget"，在"Project"窗口的文件路径"Assets\ImportAssets\TankTarget\Prefab\"中可以找到预制体"TankTarget"，用鼠标将其拖曳到"Hierarchy"窗口中即可在场景中增添一个同名的对象，用鼠标左键双击"TankTarget"对象后到"Scene"窗口中观察它的效果，如图 4-7 所示。

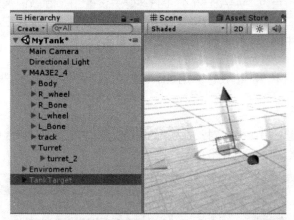

图4-7　"TankTarget"对象在"Scene"窗口中的显示效果

2. 添加瞄准器对象

在"Hierarchy"窗口中展开坦克对象"M4A3E2_4"，在炮塔对象"Turret"上单击鼠标右键，在弹出菜单中选择"Create Empty"从而创建出一个空子对象"GameObject"，将"GameObject"更名为"turretTarget"，然后用鼠标左键将其拖曳到"M4A3E2_4"对象上从而使之成为"M4A3E2_4"对象的子对象（而不再是"Turret"对象的子对象），如图 4-8 所示。

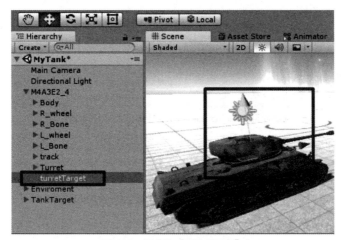

图4-8　坦克的"瞄准器对象"

4.3.4　炮塔旋转功能的代码实现

1. 添加新的成员变量

打开脚本"TankMover.cs"，增加成员变量，如图 4-9 所示，每个成员变量的用途在注释中均已详细说明。

```
//炮击位置对象所属的层的层号
[SerializeField] int targetLayerNum;
//炮击位置对象的 Transform 组件
[SerializeField] Transform target;
//炮击位置对象的默认离地高度
[SerializeField] float targetY;
//瞄准器对象的 Transform 组件
[SerializeField] Transform turretTarget;
//炮塔对象
[SerializeField] Transform turret;
//炮塔的旋转角速率（每秒可旋转的角度）
[SerializeField] float turretTurnSpeed;
```

图4-9　控制炮塔旋转所需的成员变量

2. 添加新的成员函数

添加成员函数"TurretTurn()"，用于设置炮击位置对象并旋转炮塔，代码的功能在注释中已经详细说明，如图 4-10 所示。

```
void TurretTurn ()
{
    //找到炮击的位置
    //创建从摄像机经过鼠标延伸到三维场景中的射线
    Ray ray = Camera.main.ScreenPointToRay (Input.mousePosition);
    //声明一个射线碰撞信息变量
    RaycastHit hit;
    //利用物理引擎的 Raycast 方法，计算射线与场景中碰撞体交汇的信息
    if (Physics.Raycast (ray, out hit, Mathf.Infinity, 1 << targetLayerNum)) {
        //设置炮击位置对象的位置
```

图4-10　实现炮塔旋转控制的成员函数代码

```
        target.position = new Vector3 (hit.point.x, targetY, hit.point.z);
        //激活炮击位置对象
        target.gameObject.SetActive (true);
        //设置瞄准器的方向
        turretTarget.LookAt (
            new Vector3 (hit.point.x, turretTarget.position.y, hit.point.z));
        //设置炮塔的方向
        turret.rotation = Quaternion.RotateTowards (
            turret.rotation, turretTarget.rotation, turretTurnSpeed * Time.deltaTime);
    } else {
        //使炮击位置对象转为非激活状态
        target.gameObject.SetActive (false);
    }
}
```

图 4-10   实现炮塔旋转控制的成员函数代码（续）

3. 更新"Update()"函数

需要在"Update()"函数中调用"TurretTurn()"函数，从而使该函数每一帧都被调用一次，如图 4-11 所示。

```
// 每帧都会被调用一次
    void Update ()
    {
        Move ();
        TurretTurn ();
    }
```

图 4-11   在"Update()"函数中调用"TurretTurn()"函数

4. 设置坦克对象"Tank Mover"组件的相关参数

完成代码后，保存脚本文件并切换回 Unity 编辑器，在"Hierarchy"窗口中单击坦克对象"M4A3E2_4"，然后在"Inspector"窗口中找到"Tank Mover"组件，可以看到在代码中新添加的成员变量已经成为"Tank Mover"组件的属性。可参照图 4-12 设置各项属性的值，其中"TankTarget"为场景中的炮击位置对象的"Transform"组件，"turretTarget"为瞄准器对象"Turret"的"Transform"组件，"Turret"为调整后的炮塔对象的"Transform"组件，三者均可通过鼠标拖曳来赋值。此外，"Target Layer Num"表示可炮击对象所处的层的层号，为了让"筛选"功能生效，我们将在下一节中对场景中的地面和建筑物对象的所在层进行适当的设置。

图 4-12   "Tank Mover"组件新增属性的设置

4.3.5   设置可炮击对象层

1. 层的作用

在 Unity 中，可以利用"Layer（层）"属性来给对象分类，将不同类型的对象设置在不同的层中，从而在某些功能中实现对象的"筛选"。比如在上节，设置"Tank Mover"组件的相关参数时，指定第 8 层的物体才能与射线发生交汇从而确定炮击位置。为什么指定的是第 8 层呢？通过下一步的操作即可揭晓答案。

Unity 中的
"层"

2. 添加自定义层"HitTargets"

在"Hierarchy"窗口用鼠标左键单击"Environment"对象，再到"Inspector"窗口上方查看"Layer（层）"属性，单击"Layer"属性值下拉菜单可看到默认值"Default（默认）"，并且有另外 4 个层可选，底部还有"Add Layer..."选项用于添加新的层，如图 4-13 所示。

为了添加名为"HitTargets"的新层，在"Layer"属性值下拉菜单中选择"Add Layer..."选项，从而在"Inspector"窗口显示"Tags & Layers"选项卡，如图 4-14 所示。

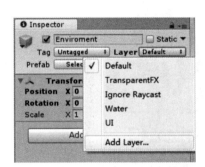

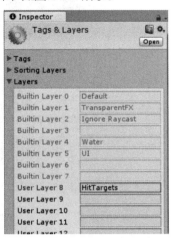

图 4-13　查看"Environment"对象的层属性　　　图 4-14　"Tags & Layers"选项卡

可以观察到 0~7 层是不可修改的，这是因为 0~7 层已经被 Unity 占用，开发者自定义层的层号从 8 开始，因此可将"HitTargets"填写到第 8 层，如图 4-14 所示。由此可知，之所以将坦克对象的"TankMover"组件的"Target Layer Num"属性设置为 8，是因为地面和建筑物对象"Environment"所处的"HitTargets"层的层号为 8。

再次到"Hierarchy"窗口用鼠标左键单击"Environment"对象，将"Inspector"窗口显示内容切换回"Environment"对象的组件，单击"Layer"属性右侧的下拉菜单即可选择"HitTargets"，如图 4-15 所示，从而将"Environment"对象所在的层设置为"HitTargets"。

由于"Environment"对象有多个子对象，因此会有弹出窗口询问是否将"Environment"的子对象也设置为"HitTargets"层中的对象，单击"Yes，change children"按钮进行确认，从而完成设置，如图 4-16 所示。

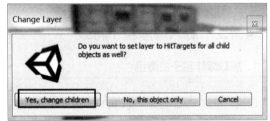

图 4-15　设置"Environment"对象所在层为"HitTargets"　　　图 4-16　在"Change Layer"窗口中进行确认

4.3.6　运行并测试炮塔转动功能

按键盘组合键"Ctrl+S"保存当前场景中的变化，然后运行游戏并到"Game"窗口中测试用鼠标操控坦克炮塔转动的功能。当鼠标指向地面或者建筑物时，可以看到所指位置会出现跟随鼠标移动的"魔法圈"（即"炮击位置"对象）。在"Hierarchy"窗口用鼠标单击瞄准器对象"TankTarget"后，可以在"Scene"窗口中看到"TankTarget"的"Z"轴始终指向"炮击位置"对象，而炮塔则依照设定的角速度转动，将炮口转向"炮击位置"，如图 4-17 所示。

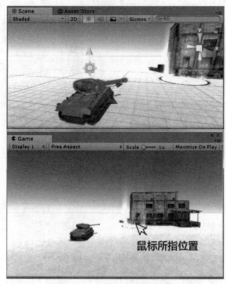

图 4-17　测试炮塔旋转功能

4.4　坦克的开炮控制

本节将介绍如何实现以下功能：在炮口对准炮击位置的情况下，玩家单击鼠标左键可以使炮击位置发生"爆炸"，即操控坦克开炮，并且两次开炮之间需要间隔一段炮弹装填时间。

4.4.1　开炮功能的实现原理

在游戏运行过程中，坦克要时刻检测以下两个条件：条件一，炮口是否已经对准炮击位置；条件二，炮弹是否已经装填完成。如果两个条件都成立，则火炮由"未就绪"状态进入"就绪"状态。在就绪状态下，如果玩家单击鼠标左键，则在炮击位置创建一个爆炸粒子对象，同时将火炮设置为"装填未完成"状态，直到装填时间结束才设置回"装填完成"状态。

4.4.2　载入爆炸粒子特效

1. 加载爆炸粒子资源包

将本章素材中的资源包"Explosion.unitypackage"载入项目，再到"Project"窗口的"Assets"文件夹中创建新文件夹"Prefabs"，然后将加载到"Assets"文件夹中的预制体"Explosion"用鼠标左键拖曳到"Prefabs"文件夹中，如图 4-18 所示。

2. 在"Scene"窗口查看预制体"Explosion"的效果

用鼠标左键将预制体"Explosion"拖曳到"Scene"窗口中从而在场景中创建同名对象，到"Hierarchy"窗口用鼠标左键单击"Explosion"对象左侧的三角形展开其子

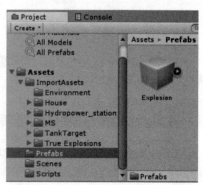

图 4-18　将预制体"Explosion"移动到
"Prefabs"文件夹中

对象，可以看到三个子对象"Shockwave（冲击波）""FireBall（火球）"和"BaseSmoke（烟雾）"。此时在"Hierarchy"窗口分别用鼠标左键单击三个子对象，可以在"Scene"窗口观察它们呈现的效果，如图4-19所示。在查看效果后，到"Hierarchy"窗口将"Explosion"对象删除。

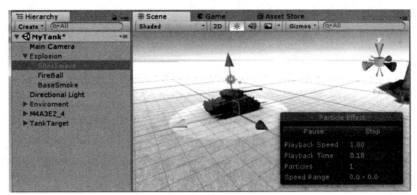

图 4-19　查看爆炸粒子特效的效果

4.4.3　开火效果的代码实现

1. 在 C#脚本"TankMover"中添加代码

到"Project"窗口的文件路径"Assets\Scripts\"下用鼠标双击 C#脚本"TankMover"从而使之在 MonoDevelop 中打开，然后增加成员变量，如图 4-20 所示。

```
//开炮相关参数
//爆炸粒子特效预制体对象
[SerializeField] GameObject explode;
//炮口是否已经对准目标
bool readyToFire = false;
//炮弹是否已经装填完毕
bool reloaded = true;
//炮弹装填时间间隔
[SerializeField] float reloadTime;
```

图 4-20　实现坦克开炮所需的成员变量

在"TankMover"类中添加新成员函数"Fire()"，如图 4-21 所示。

```
void Fire ()
{
    //判断炮塔的朝向是否与瞄准器的朝向一致
    if (turret.rotation == turretTarget.rotation) {
        readyToFire = true;
    } else {
        readyToFire = false;
    }

    if (Input.GetMouseButtonDown (0) && readyToFire && reloaded) {
        Ray ray = new Ray (turret.position, turret.forward);
        RaycastHit hit;
        //炮口真正对准的目标位置
        Vector3 lookatPosition = new Vector3 (target.position.x,
            turret.position.y,
            target.position.z);
        //检测炮口和炮击目标点之间有无障碍物
```

图 4-21　实现坦克开炮功能的主要成员函数"Fire()"

```
        if (Physics.Raycast (ray, out hit,
            Vector3.Distance (turret.position, lookatPosition))) {
            //如果炮塔和炮击点之间有障碍物，则炮弹在障碍物上爆炸
            Instantiate (explode, hit.point, Quaternion.identity);
        } else {
            //否则在目标位置爆炸
            Instantiate (explode, target.position, Quaternion.identity);
        }
        //炮弹已发射，进入装填状态
        reloaded = false;
        //启动定时协程
        StartCoroutine (WaitUntillReloaded ());
        }
    }
```

图 4-21　实现坦克开炮功能的主要成员函数 "Fire()"（续）

在"Fire()"函数中启动的协程函数"WaitUntillReloaded()"（见图 4-21 倒数第 3 行）的定义如图 4-22 所示，该函数为"TankMover"类的成员函数。

```
    IEnumerator WaitUntillReloaded ()
    {
        //在指定时间到达后，炮弹装填完成
        yield return new WaitForSeconds (reloadTime);
        reloaded = true;
    }
```

图 4-22　实现定时功能的协程函数

最后，要在"Update()"函数中调用"Fire()"函数，如图 4-23 所示。

```
    // 每帧都会被调用一次
    void Update ()
    {
        Move ();
        TurretTurn ();
        Fire ();
    }
```

图 4-23　在 "Update()" 函数中调用 "Fire()" 函数

2. 设置坦克对象 "Tank Mover" 组件中的相关属性值

代码编写完成后，按键盘组合键"Ctrl+S"保存脚本。回到 Unity 编辑器在"Hierarchy"窗口单击坦克对象"M4A3E2_4"，再到"Inspector"窗口设置"Tank Mover"组件"Explode"属性和"Reload Time"属性的值，如图 4-24 所示。其中"Explode"是要使用的爆炸粒子对象，从"Project"窗口的文件路径"Assets\Prefabs\"下将预制体"Explosion"拖曳到"Inspector"窗口"Explode"属性上即可完成设置；"Reload Time"是炮弹装填所需时间，设置为 3 秒。

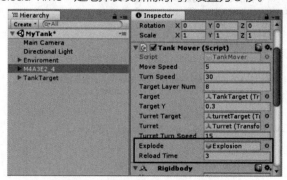

图 4-24　设置爆炸粒子对象和装填时间

3. 运行游戏验证开火功能

运行游戏，到"Game"窗口用鼠标操控坦克开炮，如果炮口没有对准目标，则按鼠标左键没有反应，炮口对准目标后按下鼠标左键则可以成功开火；两次开火的时间间隔为 3 秒。如果炮口和目标之间没有障碍物，爆炸会出现在目标位置，如图 4-25 所示；否则爆炸将出现在障碍物上，如图 4-26 所示。

图 4-25　无障碍物情况下的开炮效果

图 4-26　有障碍物情况下的开炮效果

4.5　道具的创建和拾取

本节将对 Unity "Collider（碰撞器）"组件的两种用法进行对比，并详细讲解利用"触发器"实现坦克拾取道具的方法。

4.5.1　Unity 中对象之间相互接触的两种处理方式

Unity 对于游戏物体之间的接触有两种处理方式，一种是希望物体不要重合，另一种是希望加载在物体上的脚本能够"感应"到接触的发生并执行指定的命令。两者皆可用"Collider"组件来实现，当"Is Trigger（是触发器）"属性值为"false"时，其功能为"碰撞器效果"；而当"Is Trigger"的属性值为"true"时，其功能为"触发器效果"。

（1）碰撞器效果

在本项目运行时，要使得玩家无法操控坦克"穿过"建筑物，需要让坦克对象具有"Rigid body"组件和"Collider"组件，成为一个"刚体碰撞器"，而静止不动的建筑物对象具有"Collider"组件，是一个"静态碰撞器"，当一个"刚体碰撞器"接触一个"静态碰撞器"时，Unity 会阻止"刚体碰撞器"继续靠近"静态碰撞器"，从而模拟出现实世界中的阻挡效果。

如果场景中有一个坦克撞向另一个坦克，即两个"刚体碰撞器"接触，则 Unity 会根据力学原理模拟现实世界中的刚体碰撞效果。

（2）触发器效果

当坦克接触到道具对象时，道具对象并不会被撞开，也不会阻挡坦克的运动，而是使坦克的状态发

Unity 中的
"Collider
（碰撞器）"组件

生变化（比如增加生命值），同时道具对象消失，还有可能触发音效和动画，这种情况表现出来的效果即为"触发器效果"。

4.5.2　为坦克对象添加"Rigidbody"组件和"Box Collider"组件

在"Hierarchy"窗口单击坦克对象"M4A3E2_4"后，到"Inspector"窗口单击下方的"Add Component"按钮，在弹出的下拉菜单中选择"Physics->Rigidbody"，从而为坦克对象添加一个"Rigidbody"组件。再次单击"Inspector"窗口下方的"Add Component"按钮，在弹出的下拉菜单中选择"Physics->Box Collider"，从而为坦克对象添加一个"Box Collider"组件。

为了使"Box Collider"组件能够包含整个坦克对象，在"Inspector"窗口的"Box Collider"组件中单击"Edit Collider"按钮，使"Scene"窗口中显示的碰撞器（绿框）处于可编辑状态，在"Scene"窗口中用鼠标对准碰撞器其中一个面中心位置的绿色操作点，并按下鼠标左键不放，即可通过移动鼠标来调整碰撞器在该面所对方向上的大小，依次调整碰撞器6个面，以保证"Box Collider"组件能够包含整个坦克对象。

4.5.3　道具游戏物体的创建

1. 加载道具资源包并制作道具预制体

将本章素材中的资源包"Item"导入项目后，在"Project"窗口的文件路径"Assets\Prefabs\"下可以找到预制体"Item"，为了使其成为带有"触发器"的预制体，需要添加"Collider"组件并进行设置，具体操作步骤如下。

① 在"Project"窗口的文件路径"Assets\Prefabs\"下用鼠标左键单击预制体"Item"。

② 到"Inspector"窗口最下方单击"Add Component"按钮，在下拉菜单中的"Physics"分类中选择"Capsule Collider"选项，从而在"Item"预制体上添加一个"胶囊碰撞体"。

③ 在"Inspector"窗口的"Capsule Collider"组件中，将"Is Trigger"属性设置为"true"（勾选），从而使预制体"Item"具备"触发器"。

④ 将预制体"Item"用鼠标左键拖曳到"Scene"窗口中，从而在场景中创建同名游戏物体，在"Hierarchy"窗口中单击"Item"对象后到"Inspector"窗口将"Capsule Collider"组件中的"Direction"属性设置为"Z-Axis"，然后调整"Radius（半径）"和"Height（高度）"两个属性的值，使"Scene"窗口中的绿色外框刚好把"Item"对象包裹住。设置完成后，单击"Inspector"窗口上方"Prefab"属性的"Apply"按钮，将"Item"对象的状态保存到预制体"Item"中，操作过程如图4-27所示。

图4-27　设置"Item"对象的"Capsule Collider"组件并保存到预制体"Item"中

2. 创建并编写道具脚本

在 "Project" 窗口的文件路径 "Assets\Scripts\" 下创建 C#脚本 "Item",并编写代码如图 4-28 所示,在 "Item" 类中定义了一个公开的枚举类型 "ItemEffect" 用于定义道具的类别,在本案例中设计两种道具,分别为可以永久增加生命值的 "Life" 和临时增加移动速度的 "MoveSpeed"。

```
public class Item : MonoBehaviour {
    //定义道具类别枚举类型
    public enum ItemEffect
    {
        Life,
        MoveSpeed
    }

    //道具类型
    public ItemEffect effect;
    //道具的作用点数
    public int points;
    //道具作用时间(秒)
    public int effectSeconds;
}
```

图 4-28   "Item" 类中定义的枚举类型和各成员变量

添加坦克和道具相互接触时会被系统自动调用的 "OnTriggerEnter()" 函数,如图 4-29 所示。该函数的形参 "other" 表示 "触发事件" 发生时与道具接触的对象,只有当 "other" 对象的标签为 "Player" 时才认为是坦克接触到了道具。代码中涉及的 "TankStatement" 类以及被调用的 "GetItem()" 函数将在下一节中介绍。

```
//触发事件函数,其中 other 表示与道具接触的游戏物体的 Collider 组件
void OnTriggerEnter(Collider other){
    //如果与道具接触的游戏物体的 tag 为 player,则说明是坦克接触了道具
    if (other.tag == "Player") {
        //获取坦克对象的 TankStatement 组件
        TankStatement ts = other.gameObject.GetComponent<TankStatement> ();
        if (ts != null) {
            //调用坦克对象 TankStatement 组件的 GetItem 函数
            //实参 this 表示当前道具的 Item 组件
            ts.GetItem (this);
        }
        //销毁当前道具
        Destroy (gameObject);
    }
}
```

图 4-29   "Item" 类的 "OnTriggerEnter()" 函数

3. 设置坦克对象的 "Tag(标签)" 属性为 "Player"

为了使 "OnTriggerEnter()" 函数能够识别坦克对象,需要将坦克对象的标签设置为 "Player",如图 4-30 所示。

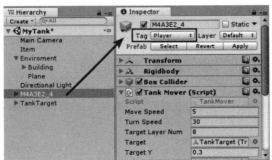

图 4-30   将坦克对象的标签设置为 "Player"

4.5.3 道具的拾取

1. 创建"TankStatement"脚本并加载到坦克对象上

在"Project"窗口的"Assets\Scripts\"文件路径下创建新的 C#脚本并命名为"TankStatement"，然后用鼠标左键将该脚本拖曳到"Hierarchy"窗口的坦克对象"M4A3E2_4"上从而完成加载。该脚本中定义的"TankStatement"类即为图 4-29 中变量"ts"的数据类型。

2. 添加"TankStatement"类的成员变量并初始化

打开脚本"TankStatement.cs"，在"TankStatement"类中添加三个成员变量并在"Start()"函数中初始化，如图 4-31 所示。

```
public class TankStatement : MonoBehaviour {
    //最大生命值
    [SerializeField] int maxLife;
    //当前生命值
    [SerializeField] int life;
    //原始移动速度
    [SerializeField] int originalMoveSpeed;
    //TankMover 组件
    TankMover tm;

    void Start () {
        //初始化生命值
        life = maxLife;
        //获取TankMover 组件并初始化原始移动速度
        tm = GetComponent<TankMover> ();
        if (tm != null) {
            originalMoveSpeed = tm.MoveSpeed;
        }
    }
}
```

图 4-31 "TankStatement"类的成员变量及其初始化

3. 修改"TankMover"脚本

打开脚本"TankMover.cs"，在成员变量"moveSpeed"的定义之后添加代码，如图 4-32 所示，从而给"TankMover"类添加可读可写属性"MoveSpeed"。

```
public int MoveSpeed {
    get {
        return moveSpeed;
    }
    set {
        moveSpeed = value;
    }
}
```

图 4-32 在"TankMover"类中添加"MoveSpeed"属性

4. 添加"TankStatement"类的成员函数"GetItem()"

回到脚本"TankStatement.cs"，为"TankStatement"类添加成员函数"GetItem()"，如图 4-33 所示，该函数即为"Item"类"OnTriggerEnter()"函数所调用的"GetItem()"函数（见图 4-29 第 10 行）。

```
public void GetItem(Item item){
    switch (item.effect) {
    case Item.ItemEffect.Life:
        //拾取到增加生命值的道具
        if (life + item.points > maxLife) {
            life = maxLife;
        } else {
            life += item.points;
        }
        break;
    case Item.ItemEffect.MoveSpeed:
        //拾取到增加移动速度的道具
        //修改 TankMover 组件中的坦克移动速度
        tm.MoveSpeed += item.points;
        //在道具作用时间过后恢复原速度
        StartCoroutine (ResetMoveSpeed(item.effectSeconds));
        break;
    }
}
```

图 4-33 "TankStatement"类的"GetItem()"函数

5. 添加"TankStatement"类的协程函数"ResetMoveSpeed()"

在"GetItem()"函数中,当坦克拾取到临时增速道具时,协程函数"ResetMoveSpeed()"将会被启动,当道具失效时间到达时在该函数中将坦克的速率恢复原值,从而保证了增速道具效果的临时性。协程函数"ResetMoveSpeed()"的代码如图 4-34 所示。

```
//实现恢复坦克原始速度的协程函数
IEnumerator ResetMoveSpeed(int delaySeconds){
    if (tm != null) {
        yield return new WaitForSeconds (delaySeconds);
        tm.MoveSpeed = originalMoveSpeed;
    }
}
```

图 4-34 "TankStatement"类中的协程函数

6. 将"Item"脚本加载到"Item"预制体上

完成"Item"脚本的代码编写后按组合键"Ctrl+S"保存,再到"Project"窗口的文件路径"Assets\Prefabs\"下单击预制体"Item",然后到"Inspector"窗口单击"Add Component"窗口,在下拉菜单的"Scripts"分类下选择脚本"Item"从而完成加载。

7. 验证道具拾取功能

在完成以上脚本的编写并保存后,通过拖曳预制体"Item"到场景中创建两个道具对象,将其中一个道具"Item"组件的"Effect"属性设置为"Life"(即永久增加生命值),并设置"Point"属性(生命值增加的点数);另外一个道具"Item"组件的"Effect"属性设置为"Move Speed"(即临时增加移动速度),并设置"Point"属性(速率增加的点数)和"Effect Seconds"(有效时间)。

运行游戏,将坦克对象"TankStatement"组件的"Life"值修改为小于"Max Life"的值,观察坦克接触增加生命道具后"Life"值的变化,可发现"Life"值会按道具设置的点数增加,但不会超过"Max Life"。而当坦克接触增速道具后,"Tank Mover"组件中的"Move Speed"属性会增加相应的点数,当失效时间到达后则恢复原值,在失效之前坦克移动速度明显增加。

4.6 本章小结

本章讲解了案例《坦克大战》,其中通过讲解坦克的运动控制,介绍了在 Unity 中控制游戏物体以给定的移动速度平移、以给定的角速度旋转的方法,同时介绍了借助"Input"对象将玩家在键盘上的操作与游戏物体的平移、旋转关联的方法；通过讲解炮塔的旋转功能，介绍了利用"射线"获取鼠标所指位置的方法；通过讲解开炮功能，介绍了利用实例化预制体的方式在场景中动态添加游戏物体的方法；通过讲解道具的创建和拾取功能，介绍了利用触发器探测物体接触事件的方法。

（1）本章涉及的知识点

① Unity 脚本的作用及其使用方法。

②"Transform"组件的作用及其在脚本中的使用方法。

③"Input"对象的作用及其用法。

④"射线"的作用及其在脚本中的使用方法。

⑤"层"的作用及其使用方法。

⑥"协程"的作用及其在脚本中的使用方法。

⑦"碰撞检测"的作用及其使用方法。

（2）本章涉及的技能点

① 如何实现通过键盘和鼠标控制游戏物体的移动和旋转；

② 如何利用"射线"实现鼠标在三维场景中的定位。

③ 如何利用"层"将场景中的对象分类并在脚本中区别物体所属的类别。

④ 如何利用"协程"在脚本中实现"武器装填时间"和"道具作用时间"。

⑤ 如何利用"射线"和实例化预制体的方法实现炮击效果。

⑥ 如何利用"射线"和"碰撞检测"实现建筑物对炮弹的阻挡效果。

⑦ 如何利用"碰撞检测"阻止坦克穿透建筑物。

⑧ 如何设计功能道具并利用"触发事件"实现道具的拾取。

4.7 习题

1. 关于 Unity 脚本，以下说法错误的是（　　）。

A. 一个 Unity 脚本描述一个继承自"MonoBehaviour"类的子类

B. 脚本文件的名称可以和它所描述的类的名称不一致

C. 脚本中的"Start()"函数会在项目开始运行时执行一次

D. 脚本中的"Update()"函数会在项目运行时的每一帧执行一次

2. 以下关于 Unity 射线对象的说法，错误的是（　　）。

A. 射线对象是"Ray"类的对象

B. 射线对象会直接显示在游戏场景中

C. 综合利用射线对象、"RaycastHit"对象和物理引擎的"Raycast()"函数可以获取射线与场景中碰撞体交汇的信息

D. 在脚本中合理利用射线对象可以获取鼠标在场景中指向的位置、坦克炮口对准的位置等

3. 以下关于 Unity 协程的说法，错误的是（　　）。

A. 协程是一种特殊的函数，在协程中使用"WaitForSeconds()"等函数可以实现定时功能

B. 协程中的代码会与 Unity 主程序中的代码在逻辑上并行执行

C. 协程需要在 Unity 主程序中利用"StartCoroutine()"函数来启动

D. 在协程的代码中不能使用"StartCoroutine()"函数

4. 以下关于 Unity 中"层"的说法，错误的是（　　）。

A. 分"层"是 Unity 中对游戏物体进行分类的一种方法

B. Unity 中有默认的"层"，也有自定义的"层"

C."层"的名称可以任意修改

D. 在光照、碰撞等功能中，可以通过"层"来筛选受作用的游戏物体

5. 关于 Unity 的碰撞检测功能，以下说法错误的是（   ）。

A. 要使可移动游戏对象之间产生力学上的碰撞效果，游戏对象必须都具备"Rigibody"和"Collider"组件

B. 在场景中被碰撞后不动的静态物体只需要具备"Collider"组件

C. "Collider"组件的"Is Trigger"属性值设置为"false"后，碰撞器变为"触发器"，游戏物体不再具备力学上的碰撞效果

D. 道具拾取功能一般采用"触发器"来实现

4.8 中英文对照表

英文单词	中文释义
Apply	应用
Input	输入
Ray	射线
Script	（程序）脚本

第 5 章

粒子系统和音效——消防演练

///// **5.1** 项目概览

习总书记在二十大报告中提出"坚持安全第一、预防为主，建立大安全大应急框架，完善公共安全体系，推动公共安全治理模式向事前预防转型。"，利用虚拟现实技术实现防火理念和灭火知识的宣传有重要意义。

在本章的项目中，玩家可以通过使用键盘在火场中漫游，并通过鼠标控制虚拟灭火器进行灭火。

通过实现本项目，读者将学习如何利用粒子系统来模拟虚拟场景中的火焰、烟雾、喷射物等特效，并学习粒子系统的控制、实现粒子系统之间的相互作用以及音效的控制。

5.1.1 学习目标

了解粒子系统的作用。

了解"Particle System"组件的作用。

了解"Audio Source"组件的作用。

掌握粒子碰撞检测及粒子形态的脚本控制方法。

掌握音效的脚本控制方法。

掌握"血条"的设计和实现方法。

掌握游戏管理功能的实现方法。

5.1.2 项目需求

1. 灭火功能的实现

在本项目中，玩家以第一人称的方式操控游戏角色，手持道具为灭火器，进入游戏场景后能看到着火的油桶并听到警笛声，接近火场时能听到燃烧的声音。玩家按下鼠标左键可以使灭火器喷出灭火物质，将灭火物质喷洒在火焰上可以控制火势，如果对准火焰的底部则灭火效果会更好。当火焰熄灭时会产生黑烟并慢慢消散。

2. 火势大小的表现及其变化趋势

玩家通过观察火焰的形态能够感觉到火势的大小，还可以在界面上看到火焰的"血条"，当"血条"满时表示火势最大，当"血条"变空时则表示火焰被熄灭。

为了更真实地模拟灭火过程，火焰有自动"回血"功能，具体表现为：火焰被熄灭之前，当玩家不能有效控制火势时，火势会逐渐恢复到最大，火焰的"血条"会逐渐变满。

3. 游戏胜利和失败

当玩家在指定时间内将火焰熄灭则游戏胜利，否则游戏失败。当游戏胜利或者失败时，会出现相应的界面提示信息，并为玩家提供"再来一次"或者"退出"游戏的选择。

4. 游戏画面效果

游戏画面效果如图 5-1 所示。

图 5-1　游戏画面效果

5.2　创建工程和场景

运行 Unity，在开始界面选择"New"，创建名为"FireFighting"的新 3D 项目，注意创建项目的文件路径上不能有非英文字符，如图 5-2 所示。

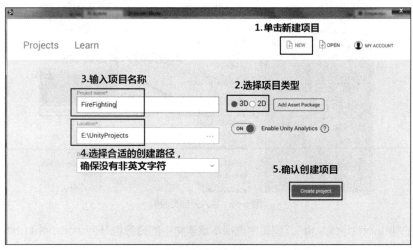

图 5-2　创建新项目

等待片刻进入 Unity 编辑器界面后，在"Project"窗口的"Assets"文件夹中创建新文件夹，将其命名为"Scenes"，按键盘组合键"Ctrl+S"或者选择 Unity 功能菜单"File"的"Save Scenes"选项，保存当前场景到新建的"Scenes"文件夹中，如图 5-3 所示。

图5-3 保存场景

5.3 游戏场景的设计

本节将介绍如何导入外部资源包并将资源包中的游戏场景模型加载到当前场景中，然后再介绍如何导入音频资源并利用音频对象的"Audio Source"组件制作报警声。

5.3.1 游戏场景模型的载入

回到"Project"窗口的"Assets"文件夹，在空白位置单击鼠标右键并选择"Import Package->Custom Package..."选项，导入外部资源包，如图5-4所示。

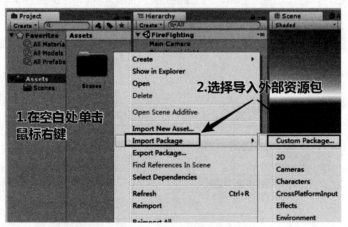

图5-4 导入外部资源包

在弹出的"Import package ..."窗口中选择本章素材中的资源包"Environment.unitypackage"，单击"打开"按钮，确认导入所选资源包，如图5-5所示。

等待片刻后，在弹出的"Import Unity Package"窗口中，单击左下角的"All"按钮以确保所有资源都被选中，然后单击右下角的"Import"按钮开始载入资源，如图5-6所示。

载入成功后，可以在"Project"窗口的"Assets"文件夹中看到新文件夹"ImportAssets"，在文件路径"Assets\ImportAssets\Prefabs\"中找到预制体"Enviroment"并用鼠标左键将其拖

曳到"Hierarchy"窗口从而在场景中创建名为"Enviroment"的对象，然后用鼠标左键双击
"Hierarchy"窗口中的"Environment"对象再到"Scene"窗口即可看到"Enviroment"对象的
视觉效果，如图5-7所示。按组合键"Ctrl+S"保存场景。

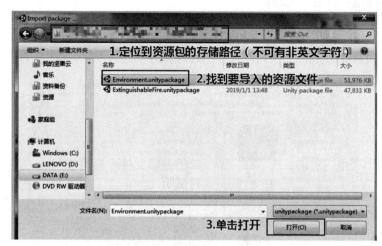

图5-5　确认导入所选资源包

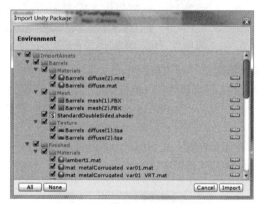

图5-6　选择资源包中的资源并开始导入

图5-7　载入环境对象

5.3.2　音频资源的导入和报警声的制作

1. 导入音频资源并查看音频文件

导入本章素材中的资源包"Sounds"，导入完成后可以在"Project"窗口的文件路径"Assets\ImportAssets\Sounds\"下看到多个音频文件，用鼠标单击任意一个音频可以在"Inspector"窗口查看其信息，此外可以单击播放按钮试听音频的效果，如图5-8所示。

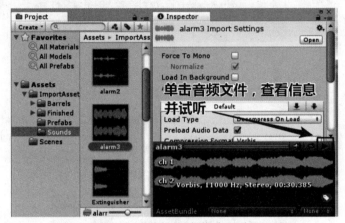

图5-8　将音频资源加载到项目中

2. 在场景中添加报警声音频源

场景中的报警声是全局性的，在场景中的任何位置都能听到，作用类似于背景音乐，其制作方法为如下。

（1）添加音频源对象

在"Hierarchy"窗口单击鼠标右键，在弹出菜单中选择"Audio->Audio Source"选项从而将音频源对象"Audio Source"添加到场景中，如图5-9所示。

图5-9　创建新的音频源

（2）设置音频源对象

在"Hierarchy"窗口中将"Audio Source"对象更名为"AlarmSound"，再单击"AlarmSound"对象使其"Audio Source"组件显示在"Inspector"窗口，然后到"Project"窗口的文件路径"Assets\ImportAssets\Sounds\"下将警报声音文件"alarm3"拖曳到"Inspector"窗口"Audio

Source"组件的"AudioClip"属性上,从而指定"alarm3"为"AlarmSound"对象播放的声音。设置属性"Play On Awake"的值为"true"(勾选),确保音频能在游戏运行时自动播放;设置"Loop"属性的值为"true"(勾选),使音频能循环播放;设置"Spatial Blend"属性的值为 0,使音频播放效果为 2D 效果。具体过程如图 5-10 所示。

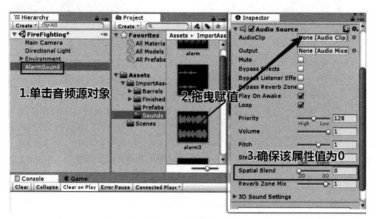

图 5-10　设置全局报警音效

5.4　制作火焰和烟雾效果

火焰和烟雾效果的制作是本项目的一个重点内容。除了要利用粒子系统在视觉上展现火势,还需要制作相应的音效,同时为了后续能够实现灭火功能,需要设计火势控制相关的脚本,并将火势以"血条"的方式在游戏界面上直观显示。

5.4.1　导入火焰和烟雾粒子特效

1. 导入资源包获得预制体"Extinguish"

导入本章素材中的资源包"ExtinguishableFire",成功后可在"Project"窗口的文件路径"Assets\ImportAssets\EffectExamples\Shared\Prefabs\"下找到预制体"Extinguish",将其拖曳到"Hierarchy"窗口从而创建名为"Extinguish"的对象。

2. 观察预制体"Extinguish"的结构以及视觉效果

用鼠标左键双击新创建的对象"Extinguish"使其显示在"Scene"窗口正中间。查看"Extinguish"的子对象,可以发现子对象"Plank"下包含两个子对象"FlamesParticleEffect"和"SmokeEffect",按住键盘上的"Ctrl"键不放并用鼠标左键单击上述两个对象使它们处于被选中状态,即可在"Scene"窗口观察到其视觉效果。此时"Scene"窗口右下角出现一个"Particle Effcect"子窗口,并且场景中"Plank"所在的位置燃起了火焰冒起了黑烟,如图 5-11 所示。

3. 查看"Particle System"组件

此时到"Inspector"窗口可以看到"FlamesParticleEffect"和"SmokeEffect"两个对象共有的"Particle System"组件,如图 5-12 所示。该组件能够让这两个对象分别呈现出火焰和烟雾效果。"Particle System"组件可以因具体设置不同而模拟出千差万别的视觉效果,除了火焰和烟雾,还可以模拟现实世界中的云雾、雨、风沙、闪电、火花、烟花、爆炸、冲击波等现象,甚至可以创造出现实中不存在的各种魔法效果。在本书的项目《坦克大战》中就用到了一个包含爆炸、冲击波和烟雾的组合粒子效果预制体来模拟炮弹爆炸的效果。

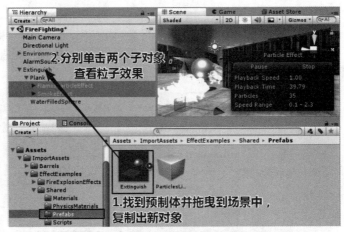

图 5-11　导入并查看火焰和烟雾的粒子效果

　　由于"Particle System"组件参数繁多，故在此不对其中的细节一一探讨，也不从头创建一个粒子效果，而是根据项目需要，从 Unity 的资源商店"Asset Store"以及标准资源中查找适用于本项目的粒子特效资源，在进行适当修改后应用到本项目中。本章素材资源包"Extinguishable Fire"中包含的预制体"Extinguish"实际上就是 Unity 官方免费资源"Unity Particle Pack 5.x"的一部分。

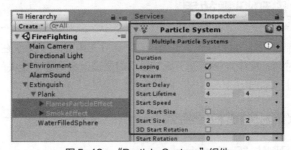

图 5-12　"Particle System"组件

4. 从"Extinguish"对象中提取"Plank"对象

　　经过观察，可以发现"Extinguish"对象中的子对象"Plank"是本项目所需的部分，其他部分可以舍弃。因此要到"Hierarchy"窗口中用鼠标左键将"Plank"对象拖曳到窗口最下方的空白处，使其成为独立的对象，如图 5-13 所示。

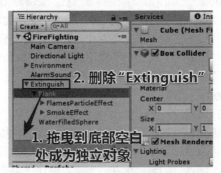

图 5-13　从"Extinguish"对象中提取"Plank"对象

　　期间会弹出警告窗口如图 5-14 所示，警告上述操作会破坏该预制体对象实例，单击"Continue"按钮即可。然后到"Hierarchy"窗口单击"Extinguish"对象并按键盘上的"Delete"键将其从场景中删除。

图 5-14　从"Extinguish"对象中提取"Plank"对象时出现的警告窗口

5. 将"Plank"对象摆放到场景中合适的位置

到"Hierarchy"窗口单击"Plank"对象，利用 Unity 工具栏中的平移工具和旋转工具，在"Scene"窗口中将"Plank"对象摆放到场景中油桶所在的位置，使其底部稍微低于油桶桶口的高度，并保证火焰范围不超出油桶的摆放范围。在摆放对象的过程中，可充分利用"Scene"窗口右上角的视角切换工具，在透视视图、投影视图之间切换，从而大大提高工作效率，如图 5-15 所示。

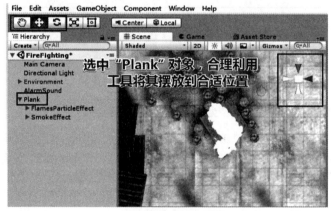

图 5-15　摆放"Plank"对象

6. 隐藏火焰底部的"木板"并调整碰撞器的厚度

在"Hierarchy"窗口将"Plank"对象更名为"Fire"，然后用鼠标左键双击"Fire"对象使之显示在"Scene"窗口中心，用鼠标滚轮将观察视角拉近可以发现火焰底部有一块"木板"，由于它是两个粒子系统对象的父对象因此不能直接删除，要想让它隐藏起来需要到"Inspector"窗口将其"Mesh Renderer"组件设置为非激活状态，如图 5-16 所示。

"Fire"对象的"Box Collider"组件是将来实现灭火功能的要素，用于探测灭火器喷射粒子的碰撞。根据常识可知，灭火需要用灭火器喷火焰的根部，因此要适当调整"Fire"对象"Box Collider"组件的厚度，使之包含火焰的根部，如图 5-16 所示。

图 5-16　隐藏火焰底部的"木板"并调整碰撞器的厚度

5.4.2 添加火焰音效

在"Hierarchy"窗口用鼠标右键单击"Fire"对象，在弹出菜单中选择"Audio->Audio Source"选项创建音频源子对象"Audio Source"，如图 5-17 所示。

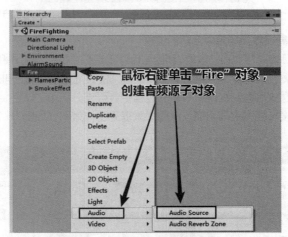

图 5-17 为"Fire"对象创建音频源子对象

在"Hierarchy"窗口用鼠标左键单击"Audio Source"对象使其组件显示在"Inspector"窗口中，再从"Project"窗口的文件路径"Assets\ImportAssets\Sounds\"下将音频"fire"拖曳到"Inspector"窗口"Audio Source"组件的"AudioClip"属性上赋值，然后将"Play On Awake（自动播放）"属性和"Loop（循环）"均设置为"true"（勾选），将"Spatial Blend（空间混合）"设置为 1 使声音呈现完全的 3D 效果，如图 5-18 所示。

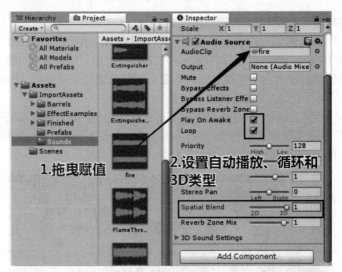

图 5-18 设置"Fire"音频源子对象"Audio Source"组件的属性

展开"Inspetor"窗口中的属性栏"3D Sound Setting（三维声音设置）"可看到"Min Distance（最小距离）"属性和"Max Distance（最大距离）"属性，在"Scene"窗口用鼠标滚轮将视角拉远，可以发现上述两个属性所构成的"声音范围球"远远大于游戏地图，因此要将"Max Distance"调小，推荐将其调整为 40。从"Scene"窗口中观察，可以看到此时"声音范围球体"包含了大半个地图，这是一个比较合理的值，如图 5-19 所示。玩家在距离火源 40 米以外无法听到着火的声音，而进入 40 米范围后，离火源越近火的声音就越大，能够很好地模拟实际情况。

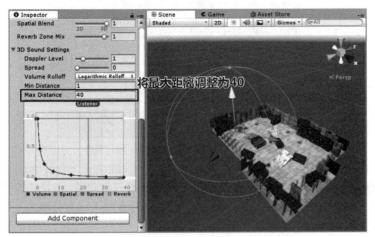

图 5-19　设置"Fire"音频源子对象的三维声音属性

运行游戏，并到"Scene"窗口用鼠标移动"Main Camera"对象，调整它与火焰的距离从而感受火焰的三维音效。如果觉得背景的报警音过大，可在停止游戏后，到"Hierarchy"窗口单击"AlarmSound"对象再到"Inspector"窗口将"Audio Source"组件中的"Volume（音量）"属性设置为 0.1，使背景音的音量变小，如图 5-20 所示。

图 5-20　调整背景音的音量

5.4.3　设计火势控制脚本

1. 分析"Fire"对象的脚本组件"Extinguishable Fire"

"Extinguishable Fire"是预制体"Extinguish"的子对象"Plank"自带的脚本组件，由于场景中的"Fire"对象来源于"Plank"对象，因此"Fire"对象也具有脚本组件"Extinguishable Fire"，如图 5-21 所示。

在"Hierarchy"窗口用鼠标左键单击"Fire"对象后，到"Inspector"窗口单击"Extinguishable Fire"组件右侧的齿轮图案，在下拉菜单中选择"Edit Script"选项，从而在 MonoDevelop 中打开该脚本，通过浏览程序代码可以知道如下四个事实。

① 脚本通过"ParticleSystem"类的两个对象"fireParticleSystem"和"smokeParticleSystem"直接控制火焰和烟雾两个特效子对象的"ParticleSystem"组件，其中"ParticleSystem"类的对象的"Stop()"和"Play()"函数分别可以"停止"和"播放"粒子效果，如图 5-22 所示。

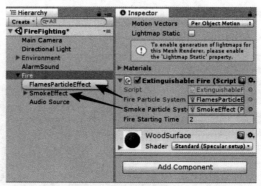

图 5-21 "Extinguishable Fire"组件

② 火焰粒子效果的大小范围，也就是火势大小，取决于"fireParticleSystem"对象的"transform.localScale"属性，如图 5-22 所示，这是一个三维向量，向量中的每一个维度决定了火势在"x""y""z"三个方向上的大小比例，当大小比例的值为 1 时火势最大，当大小比例的值趋近于 0 时则火势熄灭。

③ 成员函数"StartingFire()"是控制起火的协程函数，如图 5-22 所示，当它被启动时，火势将在一定时间内扩散到最大，所花费的时间由成员变量"m_FireStartingTime"的值决定，单位为秒。

```
IEnumerator StartingFire()
{
    smokeParticleSystem.Stop();
    fireParticleSystem.time = 0;
    fireParticleSystem.Play();

    float elapsedTime = 0.0f;
    while (elapsedTime < m_FireStartingTime)
    {
        float ratio = Mathf.Min(1.0f, (elapsedTime / m_FireStartingTime));

        fireParticleSystem.transform.localScale = Vector3.one * ratio;

        yield return null;

        elapsedTime += Time.deltaTime;
    }

    fireParticleSystem.transform.localScale = Vector3.one;
    m_isExtinguished = false;
}
```

图 5-22 "ExtinguishableFire"类的"StartingFire()"代码

④ 这个脚本中的公开函数"Extinguish()"提供了将火熄灭的功能，当该函数被调用时，会启动另一个协程函数"Extinguishing()"，如图 5-23 所示，火势将在一定时间内变为 0，然后开始冒烟，火势熄灭的时间由成员变量"m_FireStartingTime"的值决定，单位为秒。

```
public void Extinguish()
{
    if (m_isExtinguished)
        return;

    m_isExtinguished = true;
    StartCoroutine(Extinguishing());

}

IEnumerator Extinguishing()
```

图 5-23 "ExtinguishableFire"类的"Extinguish()"函数

```
    {
        fireParticleSystem.Stop();
        smokeParticleSystem.time = 0;
        smokeParticleSystem.Play();

        float elapsedTime = 0.0f;

        //后面的代码省略
            .........
    }
```

图 5-23　"ExtinguishableFire"类的"Extinguish()"函数（续）

2. 火势控制脚本的设计思路

根据以上分析，可以设计出符合本项目所需的火势控制脚本，思路如下。

① 考虑到本项目中的火不是自然熄灭，而是受到灭火措施影响后逐渐熄灭的，因此应该设计一个生命值上限和一个生命值表示火势大小，另外还应有一个熄灭系数和一个恢复系数，在每一帧也就是"Update()"函数中根据两个系数计算出最新的生命值，并根据生命值计算出火势，赋值给"fireParticleSystem"对象的"transform.localScale"。

② 考虑到后续会使用粒子系统来模拟灭火措施，因此应设计一个可以修改灭火系数的公开函数。

③ 原脚本中的起火相关代码可以直接沿用。

3. 创建并编写 C#脚本"MyExtinguishableFire"

到"Project"窗口的"Assets"文件夹中创建文件夹"Scripts"，然后在"Scripts"文件夹中创建新 C#脚本"MyExtinguishableFire"，用鼠标左键双击脚本文件使之在 MonoDevelop 中打开。将原脚本"ExtinguishableFire"中的四个成员变量都复制过来，并添加四个新的成员变量分别表示生命值、生命值上限、熄灭系数、恢复系数，具体如图 5-24 所示。

```
using System.Collections;
using System.Collections.Generic;
using UnityEngine;

public class MyExtinguishableFire : MonoBehaviour
{
    //火焰粒子系统
    [SerializeField] ParticleSystem fireParticleSystem;
    //烟雾粒子系统
    [SerializeField] ParticleSystem smokeParticleSystem;
    //火焰起燃和熄灭所需时间
    [SerializeField] float m_FireStartingTime = 2.0f;
    //生命值
    [SerializeField] float m_Life = 100f;
    //生命值上限
    [SerializeField] float m_Maxlife = 100f;
    //恢复系数
    [SerializeField] float m_RecoveryRate = 40f;
    //熄灭系数
    [SerializeField] float m_ExtinguishRate = 20f;

    //火焰是否已经被熄灭
    protected bool m_isExtinguished;

    //后面的代码省略
        .........
}
```

图 5-24　"MyExtinguishableFire"类的成员变量

　　将原脚本"ExtinguishableFire"中"Start()"函数中的代码复制到当前脚本"MyExtinguishable Fire"的"Start()"函数中，并将控制起火的协程函数"StartingFire()"也复制到当前脚本中，作为"MyExtinguishableFire"类的成员函数，如图5-25所示。注意要将"StartingFire()"函数完整地复制粘贴过来。

```
private void Start()
    {
        m_isExtinguished = true;

        smokeParticleSystem.Stop();
        fireParticleSystem.Stop();

        StartCoroutine(StartingFire());
    }

IEnumerator StartingFire()
    {
        smokeParticleSystem.Stop();
        fireParticleSystem.time = 0;
        fireParticleSystem.Play();

        float elapsedTime = 0.0f;
        while (elapsedTime < m_FireStartingTime)
        {
            float ratio = Mathf.Min(1.0f, (elapsedTime / m_FireStartingTime));

            fireParticleSystem.transform.localScale = Vector3.one * ratio;

            yield return null;

            elapsedTime += Time.deltaTime;
        }

        fireParticleSystem.transform.localScale = Vector3.one;
        m_isExtinguished = false;

    }
```

图5-25　"MyExtinguishableFire"类的起火控制代码

参照原代码创建新的熄灭控制协程函数，函数名称仍然为"Extinguishing"，具体代码如图5-26所示。

```
IEnumerator Extinguishing ()
    {
        //停止火焰粒子系统
        fireParticleSystem.Stop ();
        //播放烟雾粒子系统
        smokeParticleSystem.time = 0;
        smokeParticleSystem.Play ();
        //等待m_FireStartingTime 秒
        yield return new WaitForSeconds (m_FireStartingTime);
        //停止烟雾粒子系统
        smokeParticleSystem.Stop ();
        //重置火势大小
        fireParticleSystem.transform.localScale = Vector3.one;

    }
```

图5-26　"MyExtinguishableFire"类的熄灭控制协程函数

　　在"Update()"函数中添加用于在每一帧更新火势的关键代码，如图5-27所示。

```
void Update ()
{
    //如果火还没被熄灭,并且生命值没有达到最大或者熄灭系数不为0,则更新火势
    if (!m_isExtinguished && (m_Life < m_Maxlife || m_ExtinguishRate != 0f)) {
        //根据熄灭系数和恢复系数,计算当前生命值
        m_Life += (m_RecoveryRate - m_ExtinguishRate) * Time.deltaTime;
        //如果生命值降到0,则说明火已经被熄灭
        if (m_Life <= 0) {
            m_Life = 0f;
            m_isExtinguished = true;
            //启动熄灭协程
            StartCoroutine (Extinguishing ());
        }
        //如果生命值升到上限值,则保持为上限值不变
        if (m_Life >= m_Maxlife) {
            m_Life = m_Maxlife;
        }
        //根据当前的生命值更新火势
        fireParticleSystem.transform.localScale = Vector3.one * m_Life / m_Maxlife;
    }
}
```

图 5-27　"MyExtinguishableFire" 类的 "Update()" 函数

4. 将脚本 "MyExtinguishableFire" 加载到 "Fire" 对象上

如图 5-28 所示,将脚本 "MyExtinguishableFire" 加载到 "Fire" 对象上并移除原有的 "Extinguishable Fire" 组件,再到 "Inspector" 窗口中对 "My Extinguishable Fire" 组件的 "Fire Particle System" 和 "Smoke Particle System" 参数赋值后,试运行游戏。在 "Inspector" 窗口中修改熄灭系数 "Extinguish Rate",使它的值大于恢复系数 "Recovery Rate",然后在 "Scene" 窗口观察火势持续变小到最后熄灭的过程。如果在火势熄灭之前将熄灭系数设置得比恢复系数小,则可以看到火势慢慢恢复到最大值。在上述过程中,"Inspector" 窗口中 "My Extinguishable Fire" 组件的 "Life" 也会实时变化,这也从数值上反映了火势的大小。

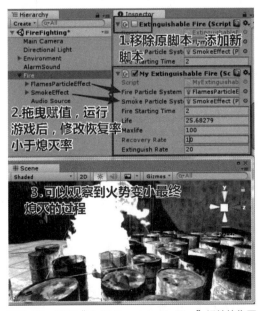

图 5-28　验证 "My Extinguishable Fire" 组件的作用

5.4.4　火焰音效控制和火势大小界面显示

火势被控制住并熄灭后，燃烧的声音应该停止，而且为了能够便于查看火势的数值大小，应该将当前火焰的实时生命值显示在界面中。

1. 火焰音效控制

（1）修改脚本"MyExtinguishableFire.cs"

打开脚本"MyExtinguishableFire.cs"，添加一个新的成员变量"fireSound"用于存储火焰音效的"Audio Source"组件，如图5-29所示。

```
public class MyExtinguishableFire : MonoBehaviour
{
    //燃烧音效音频源组件
    [SerializeField] AudioSource fireSound;
    //火焰粒子系统
    [SerializeField] ParticleSystem fireParticleSystem;
    //后面的代码省略
    .........
}
```

图5-29　在"MyExtinguishableFire"类中添加音频源组件成员变量

到"StartingFire()"函数添加开始播放音效的代码，到"Extinguishing()"函数添加停止播放音效的代码，如图5-30和图5-31所示。

```
IEnumerator StartingFire()
{
    smokeParticleSystem.Stop();
    fireParticleSystem.time = 0;
    fireParticleSystem.Play();
    //播放燃烧音效
    fireSound.Play ();
    //后面的代码省略
    .........
}
```

图 5-30　"MyExtinguishableFire"类添加播放音效代码

```
IEnumerator Extinguishing ()
{
    //停止火焰粒子系统
    fireParticleSystem.Stop ();
    //停止播放燃烧音效
    fireSound.Stop ();
    //后面的代码省略
    .........
}
```

图5-31　"MyExtinguishableFire"类添加停播音效代码

（2）设置"My Extinguishable Fire"组件

回到Unity的"Hierarchy"窗口单击"Fire"对象，再到"Inspector"窗口找到"My Extinguishable Fire"组件，可以发现增加了一个名为"Fire Sound"的属性，从"Hierarchy"窗口将"Fire"对象的音频源子对象"Audio Source"拖曳赋值给"Fire Sound"属性，如图5-32所示。

（3）取消"Fire"音频源子对象的自动播放

到"Hierarchy"窗口单击"Fire"对象的音频源子对象"Audio Source"，再到"Inspector"

窗口将"Play On Awake"属性设置为"false"（取消勾选），如图 5-33 所示。至此就可以实现燃烧音效和火势同步了，火焰开始燃烧时声音响起，火焰熄灭后声音消失。

图 5-32　设置"My Extinguishable Fire"组件的音频属性

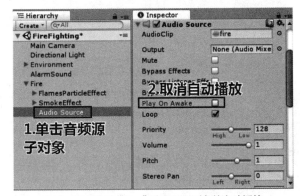

图 5-33　取消"Fire"音频源子对象的自动播放

2. 火势大小界面设计

（1）实现原理和最终效果

本项目使用"血条"来直观表示火势大小，"血条"满则火势最大，"血条"空则火势熄灭。在 Unity 中，"血条"的最简单实现方式是：用两个大小形状完全一样但是颜色不同的 UI 图片对象（Image）来表示"血条"，灰色图片作为背景表示"血条"的总长度，红色图片表示当前的"血量"；设置 UI 图片对象（Image）的填充方式为"横向填充"，并根据火势的生命值修改红色图片对象的"填充量"，从而得到"血条"长短变化的视觉效果。其最终效果如图 5-34 所示。

图 5-34　火势大小的 UI 显示效果

（2）绘制"血条"图片并载入项目

用绘图工具绘制两张大小完全一样但是颜色分别为红色和灰色的矩形图片，命名为"redbar.png"和"graybar.png"，如图5-35所示。

在Unity的"Project"窗口的"Assets"文件夹下创建新文件夹"Images"，将上述两个"png"文件复制到"Images"文件夹中，并将它们的"Texture Type（贴图类型）"设置为"Sprite（2D and UI）"，如图5-36所示。

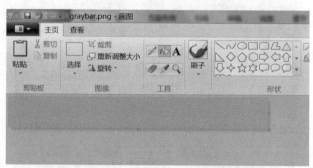

图5-35　在绘图工具中绘制"血条"图片

图5-36　导入绘制好的"血条"图片并设置贴图类型

（3）在场景中添加"Text"对象和"Image"对象界面元素

到"Hierarchy"窗口的空白处单击鼠标右键，在弹出菜单中选择"UI->Text"，再重复上述操作选择"UI->Image"，从而创建一个"Text"对象和一个"Image"对象分别用于显示文字和血条图案，如图5-37所示。由于这两个对象是界面元素对象，因此它们自动被设置为"Canvas"对象的子对象，在"Hierarchy"窗口中要单击"Canvas"左边的三角形标志展开"Canvas"对象才能看到它们。

（4）复制"Image"对象并更改名称

由于"血条"需要两个"Image"对象来表示，因此要复制出一个新的"Image"对象。操作方法为：在"Hierarchy"窗口中用鼠标单击"Image"对象使之处于被选中状态，然后按键盘组合键"Ctrl+D"即可在"Hierarchy"窗口中看到被复制出的名为"Image (1)"的对象。然后将两个"Image"对象分别更名为"RedBar"和"GrayBar"，它们将分别显示红色条和灰色条。注意，"GrayBar"要在"RedBar"上方，如图5-38所示，这是因为界面元素是按顺序渲染的，后渲染的元素会覆盖在先渲染的元素上。然后在"Hierarchy"窗口双击"Canvas"对象再到"Scene"窗口单击"2D"按钮将视角调整为二维模式，用鼠标滚轮调整视角范围以清楚地显示整个"Canvas"对象。

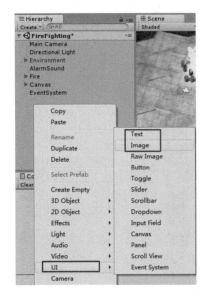

图 5-37 添加"Text"和"Image"对象

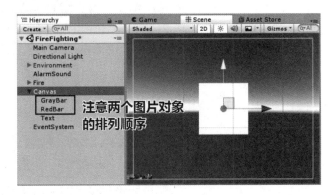

图 5-38 复制"Image"界面对象并更名

（5）设置"Canvas"对象的属性和界面元素的位置锚点

此时三个界面元素都处于默认状态，接下来要分别设置它们的属性。在开始设置文字和图形的属性之前，先将"Canvas"设置为能够自动适应游戏画面大小和形状，再将文字和图形对象的位置锚点设置为"Canvas"的左上角。

在"Hierarchy"窗口单击"Canvas"对象后到"Inspector"窗口找到"Canvas Scaler"组件，将"UI Scale Mode（UI 比例模式）"设置为"Scale with Screen Size（按照屏幕尺寸调整比例）"，并设置"Screen Match Mode（屏幕匹配模式）"属性的值为"Match Width or Height（匹配宽或高）"，设置"Match（匹配值）"属性的值为 0.5，如图 5-39 所示。

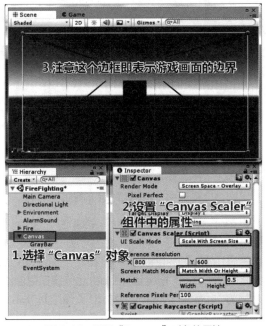

图 5-39 设置"Canvas"对象的属性

　　按住键盘上的"Ctrl"键再到"Hierarchy"窗口用鼠标左键分别单击"GrayBar""RedBar"和"Text"三个对象，使它们同时处于被选中状态，然后到"Inspector"窗口找到"Rect Transform"组件单击"锚点设置工具"，在弹出菜单后按住键盘上的"Shift"键再用鼠标单击左上角锚点，如图5-40所示。

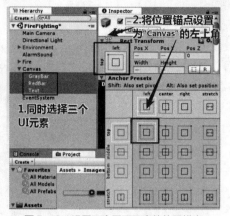

图5-40　设置三个界面元素的位置锚点

（6）设置"Text"对象的属性

　　在"Hierarchy"窗口单击"Canvas"对象的子对象"Text"后到"Inspector"窗口找到"Text"组件，将要显示的文字内容"火势大小"填写到"Text"属性中，设置"Font Size（字体大小）"为30，"Font Style（字体样式）"为"Bold（粗体）"，"Alignment（段落对齐）"为"右对齐"和"靠上"，单击"Color"属性后，在弹出的"Color"窗口设置文字颜色为红色，如图5-41所示。

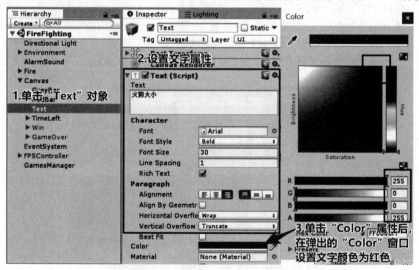

图5-41　设置界面文字的属性

（7）设置"血条"对象"RedBar"和"GrayBar"的属性

　　下面以"RedBar"为例，介绍设置"血条"对象属性的方法：到"Hierarchy"窗口单击"RedBar"对象使它的"Image"组件显示在"Inspector"窗口中，然后将"Project"窗口文件路径"Assets\Images\"下的红色图片"redbar"拖曳到"Inspector"窗口赋值给"Image"组件的"Source Image（图像来源）"属性，然后将"Image Type（图像类型）"设置为"Filled（填充）"，将"Fill Method（填充方法）"设置为"Horizontal（水平填充）"，将"Fill Origin（填充起点）"设置为"Left（左侧）"，如图5-42所示。"GrayBar"对象用同样的方法设置即可。

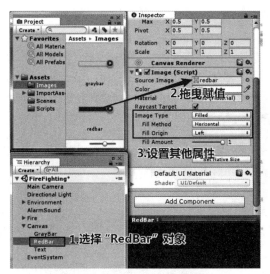

图 5-42 设置"血条"对象的属性

（8）调整界面元素的位置和形状

到"Scene"窗口使用平移工具将文字对象"Text"移动到"Canvas"的左上角，再使用 2D 调整工具调整"Text"对象的大小以匹配文字大小，如图 5-43 所示。

图 5-43 调整界面文字对象的位置和大小

回到"Hierarchy"窗口，按住键盘的"Ctrl"键不放再用鼠标左键分别单击"GrayBar"对象和"RedBar"对象，使两个图形对象都处于被选中状态，然后使用 2D 调整工具，调整两个对象的形状为长方形，再移动到"Canvas"的左上角，放置在文字右侧，如图 5-44 所示。

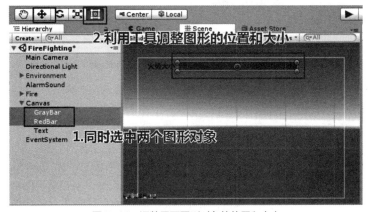

图 5-44 调整界面图形对象的位置和大小

（9）在"Game"窗口查看界面效果

切换到"Game"窗口，可以看到界面的最终效果。在"Hierarchy"窗口单击"RedBar"对象，再到"Inspector"窗口将其"Image"组件的"Fill Amount（填充量）"调整到0与1之间的值，可以从"Game"窗口中观察到"血条"长短随之发生变化，如图5-45所示。

图5-45　查看"血条"的变化

3. 修改脚本从而将火势大小与界面元素关联

（1）修改脚本代码

通过修改脚本"MyExtinguishableFire"可以将火焰的火势大小与"血条"的填充量关联。在脚本"MyExtinguishableFire.cs"开头添加对命名空间"UnityEngine.UI"的引用，然后给"MyExtinguishableFire"类添加一个"Image"类的成员变量，如图5-46所示。

```
using System.Collections;
using System.Collections.Generic;
using UnityEngine;
using UnityEngine.UI;

public class MyExtinguishableFire : MonoBehaviour
{
    //代表生命值"血条"的 Image 对象
    [SerializeField] Image m_BloodBar;
    //燃烧音效音频源组件
    [SerializeField] AudioSource fireSound;

    //后面的代码省略
    .........
}
```

图5-46　为"MyExtinguishableFire"类添加"Image"型成员变量

在"Start()"函数添加初始化"血条"填充量的代码，如图5-47所示，在"Update()"函数添加更新"血条"填充量的代码，如图5-48所示。

（2）设置"Fire"对象的"My Extinguishable Fire"组件

完成上述所有代码的修改后，按组合键"Ctrl+S"保存修改后的代码，再回到Unity的"Hierarchy"窗口用鼠标左键单击"Fire"对象，到"Inspector"窗口找到更新后的"My Extinguishable Fire"组件，可看到增加了一个名为"Blood Bar"的属性。从"Hierarchy"窗口将"RedBar"对象拖曳到"Inspector"窗口赋值给"Blood Bar"属性，从而使火焰粒子对象"Fire"的生命值与"血条"关联起来，如图5-49所示。再次运行游戏，并将"Fire"对象"My Extinguishable Fire"组件的"Recovery

Rate"属性的值改为 10，会发现"血条"的红色部分会随着"Fire"生命值的减少而减少。

```
void Start ()
{
    m_isExtinguished = true;

    smokeParticleSystem.Stop ();
    fireParticleSystem.Stop ();

    //初始化"血条"的填充量
    m_BloodBar.fillAmount = m_Life / m_Maxlife;

    StartCoroutine (StartingFire ());
}
```

图 5-47　为"MyExtinguishableFire"类添加初始化"血条"填充量的代码

```
void Update ()
{
    //如果火还没被熄灭，并且生命值没有达到最大或者熄灭系数不为 0，则更新火势
    if (!m_isExtinguished && (m_Life < m_Maxlife || m_ExtinguishRate != 0f)) {
        //此处省略多行代码
        ......
        //根据当前的生命值更新火势
        fireParticleSystem.transform.localScale = Vector3.one * m_Life / m_Maxlife;
        //更新"血条"的填充量
        m_BloodBar.fillAmount = m_Life / m_Maxlife;
    }
}
```

图 5-48　为"MyExtinguishableFire"类添加更新"血条"填充量的代码

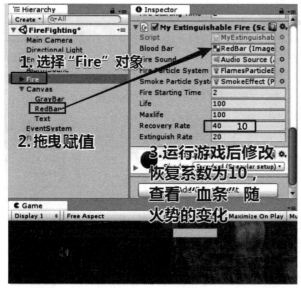

图 5-49　设置"Fire"对象的"My Extinguishable Fire"组件并查看效果

5.5　灭火功能的实现

灭火功能的实现是本项目的另一个重点内容，本节将介绍如何利用已有的模型和粒子资源来设计

一个可以被玩家操控的灭火器，并利用 Unity 的"粒子碰撞检测"功能来实现灭火。

5.5.1 导入灭火器相关资源

1. 导入灭火器模型

在本项目中，灭火的工具为灭火器，需要导入灭火器模型。本章的素材包含了灭火器模型"FBX"文件"Fire_Extinguisher"，先在"Project"窗口"Assets"文件夹下创建新文件夹"Model"，然后从 Windows 文件管理器窗口中用鼠标左键将灭火器模型文件拖曳到 Unity 界面"Project"窗口的"Model"文件夹中即可完成模型的载入，如图 5-50 所示。此时"Model"文件夹中会自动生成材质文件夹"Materials"。

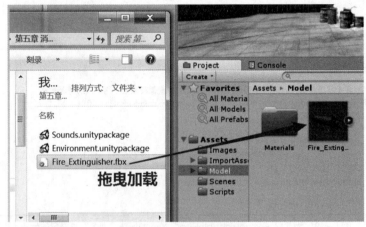

图 5-50　加载灭火器模型

2. 导入喷射效果粒子系统

本项目不从零开始实现灭火器喷射效果，因此需要加载粒子特效标准资源，从载入的资源中使用喷射粒子系统。在"Project"窗口的"Assets"文件夹空白处单击鼠标右键，在弹出菜单中选择"Import Package->ParticleSystems"，如图 5-51 所示。随后在弹出的"Import Unity Package"窗口中单击右下方的"Import"按钮开始加载资源，如图 5-52 所示。

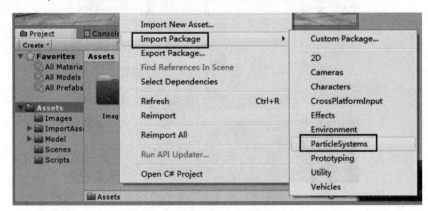

图 5-51　加载粒子系统标准资源包

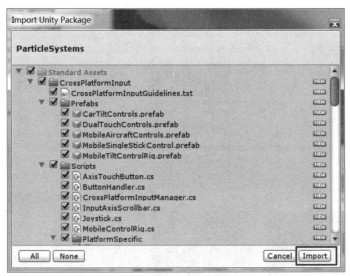

图 5-52　选择要加载的文件并确认

完成加载后，在"Project"窗口的文件路径"Assets\Standard Assets\"下可以看到"ParticleSystems"文件夹，该文件夹中的内容即为 Unity 的粒子特效标准资源。

5.5.2　实现灭火器喷射功能

1．将灭火器模型加载到场景并设置尺寸

到"Project"窗口的文件路径"Assets\Model\"下将灭火器模型"Fire_Extinguisher"用鼠标拖曳到"Scene"窗口中从而将模型加载到场景中，可发现场景中的灭火器对象"Fire_Extinguisher"显得特别大，这是由于在建模时灭火器模型使用了与环境模型不一样的单位设置，现需要将其缩小到合适的尺寸。

缩小到何种尺寸可以通过与场景中油桶大小的比较来确定。先利用 Unity 的平移工具和"Scene"窗口右上角的视角切换工具，将灭火器移动到油桶附近；再到"Inspector"窗口中将灭火器对象"Fire_Extinguisher"的"Transform"组件的"Scale"属性"X""Y""Z"三个分量的值全都修改为 0.1，使灭火器在三个维度上同步缩小为原来的十分之一，如图 5-53 所示。

2．添加喷射粒子系统并实现其控制功能

到"Project"窗口的文件路径"Assets\Standard Assets\ParticleSystems\Prefabs\"下找到预制体"Hose"，将其拖曳到"Hierarchy"窗口的灭火器对象"Fire_Extinguisher"上，使载入的"Hose"对象成为灭火器对象的子对象。到"Inspector"窗口中将"Hose"对象设置为"激活"状态，然后利用平移和旋转工具将"Hose"对象移动到灭火器的喷嘴位置，并且其自身坐标的"z"方向为喷射方向、"y"方向与灭火器的"上"方向一致，如图 5-54 所示。

在"Inspector"窗口查看"Hose"对象的组件，可以看到有两个脚本组件"Hose"和"Simple Mouse Rotator"。从名称上可以理解，"Hose"脚本组件用于描述喷射粒子特效的属性，"Simple Mouse Rotator"脚本组件则提供用鼠标控制喷射方向的功能。

"Hose"脚本组件中需要根据具体应用场景调整的属性有"Max Power（最大力度）"，"Min Power（最小力度）"和"Change Speed（响应操作的灵敏度）"。在本案例中，"Max Power"取 10，"Min Power"取 8，"Change Speed"取 5。喷射方向在本案例中取决于灭火器喷嘴的方向，不应该让玩家单独控制喷射粒子的喷射方向，所以要移除"Simple Mouse Rotator"脚本组件：用鼠标单击"Simple Mouse Rotator"组件右侧的齿轮图标，在下拉菜单中选择"Remove Component"从而将其移除。最终效果如图 5-55 所示。

图5-53　将灭火器移动到油桶附近并调整大小比例

图5-54　调整"Hose"对象的位置和朝向

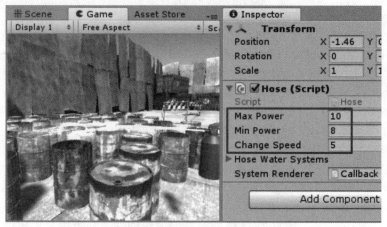

图5-55　调整"Hose"对象的功能组件

5.5.3 设计以灭火器为武器的第一人称游戏控制器

1. 载入第一人称游戏控制器

在"Project"窗口"Assets"文件夹的空白处单击鼠标右键，在弹出菜单中选择"Import Package->Characters"，如图 5-56 所示，在弹出的"Import Unity Package"窗口中单击右下角的"Import"按钮，如图 5-57 所示。

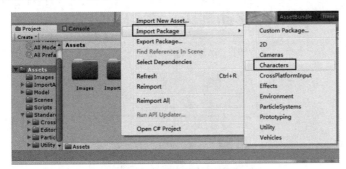

图 5-56　导入角色控制标准资源

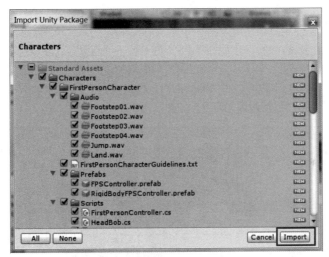

图 5-57　选择要导入的文件并确认

2. 设置第一人称角色控制器的位置并删除主摄像机对象

图 5-58 所示的角色控制标准资源包导入完成后，到"Project"窗口的文件路径"Assets\Standard Assets\Characters\FirstPersonCharacter\Prefabs\"下，将第一人称角色控制器预制体"FPSController"拖曳到"Hierarchy"窗口创建同名对象。双击"Hierarchy"窗口中的"FPSController"对象使之显示在"Scene"窗口中心。在"Scene"窗口中利用平移工具将"FPSController"对象移动到灭火器附近。在"Hierarchy"窗口中用鼠标左键单击"FPSController"对象的子对象"FirstPersonCharacter"，再到"Inspector"窗口可以看到"Camera"组件和"Audio Listener"组件，说明"FirstPersonCharacter"对象给玩家提供了第一人称的视角和听觉体验，其功能与创建场景时自动添加的主摄像机"Main Camera"是相同的。如果此时运行游戏，则上述两个对象的"Audio Listener"组件会相互冲突，原因是一个 Unity 场景中只允许有一个"Audio Listener"组件处于激活状态，同时，两个"Camera"组件渲染出的游戏画面会相互重叠，很显然，这不是本项目预期的效果，故应该将"Main Camera"对象删除。

图 5-58　设置第一人称角色控制器的位置并删除主摄像机对象

3. 进一步调整第一人称角色控制器的位置和大小

在"Hierarchy"窗口用鼠标左键双击"FPSController"对象，再到"Scene"窗口中拉近并调整观察角度，近距离查看该对象，可以发现其下半部分位于地面以下，需要用平移工具将其拉起使之"站立"在地面上。此时再对比"FPSController"对象与附近油桶的大小会感觉到作为一个人物角色该对象过于高大，应将其适当缩小。到"Inspector"窗口找到"Transform"组件，将"Scale"属性的三个分量"X""Y""Z"都设置为0.8，如图5-59所示。

图 5-59　进一步调整第一人称角色控制器的位置和大小

4. 将灭火器设置为第一人称角色对象的子对象

在"Hierarchy"窗口将灭火器对象"Fire_Extinguisher"用鼠标拖曳到第一人称角色对象"FirstPersonCharacter"上，使之成为"FirstPersonCharacter"的子对象，然后到"Inspector"窗口找到"Fire_Extinguisher"的"Transform"组件，将"Position"属性的三个分量"X""Y""Z"均设置为0，从而使"Fire_Extinguisher"和"FirstPersonCharacter"两个对象的位置重合。再到"Scene"窗口利用平移工具将灭火器对象"Fire_Extinguisher"朝摄像机前方（"Z"轴正向）移动，直到灭火器出现在"Game"窗口中，然后继续在"Scene"窗口利用平移工具微调灭火器相对于第一人称角色控制器"FirstPersonCharacter"的位置，使灭火器在"Game"窗口中的位置给玩家的感觉像是拿在手中一样，过程如图5-60所示。

图 5-60　将灭火器设置为第一人称控制器的子对象并调整其位置

5. 添加喷射音效

在"Hierarchy"窗口用鼠标右键单击灭火器对象"Fire_Extinguisher"，在弹出菜单中选择"Audio->Audio Source"添加一个音频源子对象"Audio Source"，再到"Project"窗口的文件路径"Assets\ImportAssets\Sounds\"下将声音文件"waterspray"拖曳到"Inspector"窗口中并赋值给"Audio Source"组件的"Audio Clip"属性，然后将"Play On Awake"属性设置为"false"（取消勾选），如图 5-61 所示。

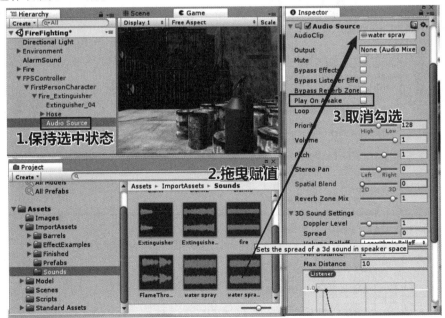

图 5-61　设置喷射粒子音频源的属性值

6. 设计灭火器脚本和灭火器控制脚本

在"Project"窗口的文件路径"Assets\Scripts\"下创建名为"FireExtinguisher"的 C#脚本文件，并打开该脚本添加如图 5-62 所示代码。

```
using System.Collections;
using System.Collections.Generic;
using UnityEngine;

public class FireExtinguisher : MonoBehaviour {

    //用于存储喷射音效音频源组件的成员变量
    AudioSource spraySound;

    void Start () {
        //从子对象中获取喷射音频源组件
        spraySound = GetComponentInChildren<AudioSource> ();
    }

    /// <summary>
    /// 当灭火器的压把被按下，调用此函数
    /// </summary>
    public void BePressed(){
        //如果音效没有播放，则开始播放
        if (!spraySound.isPlaying) {
            spraySound.Play ();
        }
    }

    /// <summary>
    /// 当灭火器的压把被放开，调用此函数
    /// </summary>
    public void BeReleased(){
        //如果音效正在播放，则停止播放
        if (spraySound.isPlaying) {
            spraySound.Stop ();
        }
    }
}
```

图 5-62　灭火器类的代码

在"Project"窗口的文件路径"Assets\Scripts\"下创建名为"FireExtinguisherUserController"的脚本文件，打开脚本添加如图 5-63 所示代码。

```
using System.Collections;
using System.Collections.Generic;
using UnityEngine;

//该组件依赖 FireExtinguisher 组件
[RequireComponent(typeof(FireExtinguisher))]
public class FireExtinguisherUserController : MonoBehaviour {

    //用于存储灭火器类 FireExtinguisher 的成员变量
    FireExtinguisher fireExtinguisher;

    void Start () {
        //获取 FireExtinguisher 组件
        fireExtinguisher = GetComponent<FireExtinguisher> ();
    }


    void Update () {
        //当鼠标左键被按下，则按下灭火器的压把
        if (Input.GetMouseButtonDown (0)) {
            fireExtinguisher.BePressed();
        }
        //当鼠标左键被放开，则放开灭火器的压把
        if (Input.GetMouseButtonUp (0)) {
            fireExtinguisher.BeReleased();
        }
    }
}
```

图 5-63　灭火器用户控制类的代码

将上述脚本添加到灭火器对象上，具体操作方法为：到"Hierarchy"窗口用鼠标左键单击灭火器对象"Fire_Extinguisher"，再到"Inspector"窗口单击窗口最下方的"Add Component"按钮，在弹出的搜索框中输入"fire"从而快速筛选出下拉菜单中的备选项，在下拉菜单中选择"Fire Extinguisher User Controller"，如图 5-64 所示。由于具有依赖关系，故"FireExtinguisher"脚本会被自动添加到灭火器对象上。

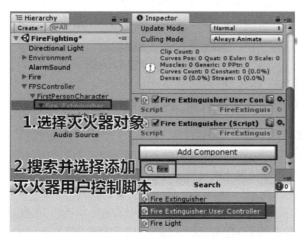

图 5-64　将灭火器用户控制脚本添加到灭火器对象上

7. 试运行游戏并微调喷射粒子的位置

运行游戏后到"Game"窗口体验：按住鼠标左键不放则灭火器开始喷射，放开鼠标左键则喷射停止。注意观察喷射的视觉效果并聆听音效，会发现灭火器喷射时会有部分粒子出现在喷嘴后方，影响了真实感，如图 5-65 所示。

图 5-65　喷射粒子"穿帮"

为了保证游戏的真实感，需要调整喷射粒子的位置，以确保灭火器在喷射时不会出现上述"穿帮"现象。停止运行游戏，在"Hierarchy"窗口用鼠标左键单击灭火器对象"Fire_Extinguisher"的子对象喷射粒子"Hose"，再到"Scene"窗口利用平移工具将"Hose"朝其自身坐标系的"Z"轴正向移动，使其"Transform"组件的"Position"属性"Z"分量的值为 1.35 左右，如图 5-66 所示。再次运行游戏，可以发现"穿帮"现象已经解决了。

图 5-66　调整喷射粒子相对灭火器的位置

5.5.4　利用粒子碰撞实现灭火交互功能

1. 实现原理及思路

在本项目中，利用粒子碰撞实现灭火交互的原理是：根据灭火器喷射粒子在一定时间段内与火焰对象发生碰撞的累计次数更新火焰对象的灭火系数，玩家喷得越准则灭火系数越大，只要灭火系数大于恢复系数，即可使火势变小。

具体实现思路为：当灭火器喷出的灭火粒子与火焰对象"Fire"的碰撞器发生碰撞时，会触发粒子碰撞事件，可以在碰撞事件的回调函数中统计本次事件中与火焰对象发生碰撞的粒子数量，并将该数量传递给火焰对象的"My Extinguishable Fire"组件；为此需要修改"MyExtinguishableFire"类，添加接收粒子碰撞数量的函数，在该函数中根据一定时间段内（如 1 秒）粒子碰撞累计数量计算出熄灭系数的最新值；同时，每隔一定时间（如 1 秒）清空粒子碰撞累计数和熄灭系数。

粒子碰撞
实现灭火
交互的原理

2. 对"MyExtinguishableFire"类的修改

基于上述思路，"MyExtinguishableFire"类需要添加的成员变量如图 5-67 所示。

```
public class MyExtinguishableFire : MonoBehaviour
{
    //一定时间间隔内的粒子碰撞计数
    int m_ParticleCollisionCount;
    //更新粒子碰撞计数的时间间隔
    [SerializeField] float m_PCCUpdateInterval = 1f;
    //粒子碰撞计数转换为熄灭系数的转换系数
    [SerializeField] float m_PCCtoExtinguishRateRatio = 1f;

    //代表生命值"血条"的 Image 对象
    [SerializeField] Image m_BloodBar;
    //后面的代码省略
    .........

}
```

图 5-67　为"MyExtinguishableFire"类添加粒子碰撞相关成员变量

"MyExtinguishableFire"类需要添加的统计粒子碰撞计数并更新熄灭系数的函数如图 5-68 所示。

```
/// <summary>
/// 当发生粒子碰撞时被调用的函数
/// </summary>
```

图 5-68　为"MyExtinguishableFire"类添加供发生粒子碰撞时调用的公开成员函数

```
/// <param name="points">触发一次粒子碰撞事件时触碰到的粒子数量
///</param>
public void HitByExtinguishParticleCollidor (int points)
{
    //增加粒子碰撞计数
    m_ParticleCollisionCount += points;
    //更新熄灭系数
    m_ExtinguishRate = m_ParticleCollisionCount * m_PCCtoExtinguishRateRatio;
}
```

图 5-68　为"MyExtinguishableFire"类添加供发生粒子碰撞时调用的公开成员函数（续）

"MyExtinguishableFire"类需要添加的协程函数如图 5-69 所示，用于按指定时间间隔清空粒子碰撞计数以及灭火系数。

```
/// <summary>
/// 定时清零粒子碰撞计数和熄灭系数的协程
/// </summary>
IEnumerator ResetPCC ()
{
    //等待指定的时间间隔
    yield return new WaitForSeconds (m_PCCUpdateInterval);
    //清空粒子碰撞计数
    m_ParticleCollisionCount = 0;
    //更新熄灭系数
    m_ExtinguishRate = 0;
    //再次启动本协程
    StartCoroutine (ResetPCC ());
}
```

图 5-69　为"MyExtinguishableFire"类添加定时清理粒子碰撞计数和熄灭系数的协程函数

协程函数"ResetPCC()"需要在"Start()"函数中启动，如图 5-70 所示。

```
void Start ()
{
    //此处省略多行代码
    ......

    StartCoroutine (StartingFire ());

    //启动定时清零粒子碰撞计数的协程
    StartCoroutine (ResetPCC ());
}
```

图 5-70　在"MyExtinguishableFire"类的"Start()"函数中启动新增的协程

3. 创建粒子碰撞脚本类"MyParticleCollision"并加载到喷射粒子对象上

在"Project"窗口的文件路径"Assets\Scripts\"中创建名为"MyParticleCollision"的新 C#脚本，并添加成员变量及"Start()"函数代码，如图 5-71 所示。

```
public class MyParticleCollision : MonoBehaviour
{
    //用于存储粒子碰撞事件的列表
    private List<ParticleCollisionEvent> m_CollisionEvents =
        new List<ParticleCollisionEvent> ();
```

图 5-71　粒子碰撞类的成员变量和"Start()"函数

```
//用于存储粒子系统组件的变量
private ParticleSystem m_ParticleSystem;

private void Start ()
{
    //获取粒子系统组件
    m_ParticleSystem = GetComponent<ParticleSystem> ();
}
```

图 5-71　粒子碰撞类的成员变量和"Start()"函数（续）

此外，还需要为"MyParticleCollision"类添加粒子碰撞事件的回调函数"OnParticleCollision()"，如图 5-72 所示。

```
/// <summary>
/// 发生粒子碰撞事件的回调函数
/// </summary>
/// <param name="other">被粒子碰撞的对象</param>
private void OnParticleCollision (GameObject other)
{
    //用于存储被碰撞对象 MyExtinguishableFire 组件的变量
    MyExtinguishableFire firehit=null;
    //用于存储触发一次碰撞事件时与火焰对象碰撞的粒子数量的变量
    int hitcount = 0;
    //获取同时与被碰撞对象发生碰撞的所有粒子的碰撞事件列表
    int numCollisionEvents =
        m_ParticleSystem.GetCollisionEvents (other, m_CollisionEvents);
    //统计发生碰撞的所有粒子中，与火焰对象碰撞的粒子数量
    for (int i = 0; i < numCollisionEvents; ++i) {
        var col = m_CollisionEvents [i].colliderComponent;
        var fire = col.GetComponent<MyExtinguishableFire> ();
        if (fire != null) {
            hitcount++;
            firehit = fire;
        }
    }
    //如果确实有粒子碰撞到了火焰对象，则将碰撞计数传给火焰对象
    if (firehit != null) {
        firehit.HitByExtinguishParticleCollidor (hitcount);
    }
}
```

图 5-72　粒子碰撞类的碰撞事件回调函数

　　完成程序的编写后，按组合键"Ctrl+S"保存程序代码，然后回到 Unity 操作界面，在"Hierarchy"窗口找到并用鼠标左键单击灭火器的喷射粒子对象"WaterShower"，再到"Inspector"窗口单击"Add Component"按钮，在弹出的搜索框中搜索"MyParticle"即可使脚本组件"My Particle Collision"出现在备选项菜单中，用鼠标左键单击备选项菜单中的"My Particle Collision"完成该脚本组件的加载，如图 5-73 所示。

　　此外，为了确保喷射粒子碰撞到火焰对象的碰撞器时能触发碰撞事件，需要将"WaterShower"对象"Particle System"组件的"Send Collison Message"属性设置为"true"（勾选），如图 5-74 所示。

4. 试运行游戏并调整火焰对象"My Extinguishable Fire"组件的参数值

　　试运行游戏，将灭火器对准火焰底部喷射，观察火势变化，如果能够合理设置"Fire"对象的"My Extinguishable Fire"组件相关值则可以使火势变化比较平稳。一个推荐的组合为："PCC Update Interval（粒子碰撞数量更新时间间隔）"取 1，"PCC to Extinguish Ratio（粒子碰撞数到熄灭系数的转换系数）"取 0.02，"Recovery Rate

调整火焰对象相
关组件的
参数值（上）

（恢复系数）"取 10，"Extinguish Rate（熄灭系数）"的初始值取 0，如图 5-75 所示。

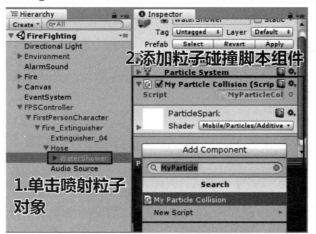

调整火焰对象相
关组件的
参数值（下）

图 5-73　添加粒子碰撞脚本组件到喷射粒子对象

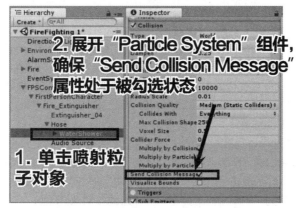

图 5-74　设置喷射粒子对象的粒子系统组件

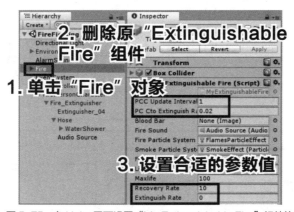

图 5-75　在 Unity 界面设置"My Extinguishable Fire"组件的属性

5.6 游戏管理功能的设计

本游戏的胜负规则为：起火时开始计时，玩家要是在一分钟之内控制火势则游戏胜利，否则游戏失败。可通过设计游戏控制器类来进行计时和判定输赢，另外需要设计一个界面控制器类来显示和管理胜负信息。在游戏运行时，界面控制器对象、火焰对象、第一人称角色控制对象统一在游戏控制器对象的调度下工作。

5.6.1 游戏管理相关界面的设计

与游戏管理相关的界面包括：倒计时显示界面、游戏胜利界面和游戏失败界面。

1. 倒计时显示界面

（1）创建界面文字对象"TimeLeft"

倒计时显示界面的显示效果为"还剩 X 秒"，其中"X"为可变化的部分。可以利用三个界面文字

Unity 中的界面

对象来分别显示"还剩""X""秒"三部分内容。到"Hierarchy"窗口的空白处单击鼠标右键，在弹出菜单中选择选项"UI->Text"从而在"Cavas"对象下创建一个新的名为"Text"的子对象，将其更名为"TimeLeft"。到"Inspector"窗口找到"TimeLeft"对象的"Text"组件，将"Text（要显示的文字）"设置为"还剩"，"Font Size（字体大小）"设置为 30，"Alignment（对齐方式）"设置为"右对齐"和"上下居中"，"Color（文字颜色）"设置为红色，如图 5-76 所示。

（2）创建"TimeLeft"的两个界面文字子对象"Time"和"Unit"

用鼠标左键单击"TimeLeft"对象，按键盘组合键"Ctrl+D"两次，复制出两个相同的文字对象，名字分别为"TimeLeft (1)"和"TimeLeft (2)"，将它们分别改名为"Time"和"Unit"。然后参照"TimeLeft"对象的设置方法，将"Time"对象"Text"组件的"Text"属性设置为"60"；将"Unit"对象"Text"组件的"Text"属性设置为"秒"。在"Hierarchy"窗口中将"Time"和"Unit"设置为"TimeLeft"的子对象。

（3）调整界面文字对象的位置

如图 5-77 所示，到"Scene"窗口，切换到"2D"视角并滚动鼠标滚轮调整视角范围使"TimeLeft"对象及其子对象都出现在窗口中，利用"2D"尺寸调整工具，设置这三个文字界面对象的大小使文字都能够正常显示，然后利用平移工具将子对象"Time"和"Unit"向右平移，使文字"还剩""60""秒"三部分按从左到右的顺序排列。利用平移工具将"TimeLeft"对象移动到"Canvas"的右上角，使文字显示在"Game"窗口的右上角。

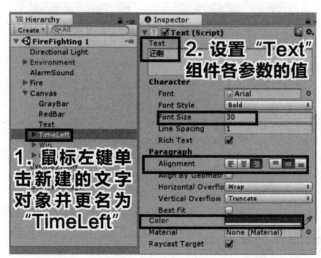

图 5-76 设置新文字对象的"Text"组件的属性

图 5-77　设置新文字对象的位置

2. 游戏胜利提示界面和失败提示界面

（1）创建并设置游戏胜利画面"Win"对象及其文字子对象

到"Hierarchy"窗口单击鼠标右键，在弹出菜单中选择"UI->Panel"，在"Canvas"对象下创建名为"Panel"的子对象，将其更名为"Win"。在"Win"对象上单击鼠标右键，在弹出菜单中选择"UI->Text"，创建"Win"对象的界面文字子对象"Text"。到"Inspector"窗口找到"Text"对象的"Text"组件将"Text（显示文字）"设为"灭火成功！！！"，并将"Font Size（字体大小）"设为 60，"Collor（字体颜色）"设为黄色。再到"Scene"窗口利用 2D 尺寸调整工具将"Text"对象的尺寸调整到能够使文字正常显示。过程如图 5-78 所示。

Unity 中的 "Canvas（画布）"和 "Panel（面板）"

（2）创建并设置"Win"对象的按钮子对象

再次到"Hierarchy"窗口在"Win"对象上单击鼠标右键，在弹出菜单中选择"UI->Button"，创建"Win"对象的界面按钮子对象"Button"，将其更名为"PlayAgain"。用鼠标左键单击"PlayAgain"对象前面的小三角形展开其子对象，可以看到它有一个名为"Text"的界面文字子对象，该子对象决定了按钮上显示的文字及其格式。用鼠标左键单击文字子对象"Text"后到"Inspector"窗口找到"Text"组件，将"Text（显示文字）"设为"再玩一次"，"Font Size（字体大小）"设为 40，"Collor（字体颜色）"设为黄色，然后用鼠标左键单击"PlayAgain"对象再到"Scene"窗口利用 2D 尺寸调整工具将其尺寸调整到能够正常显示按钮上的所有文字。过程如图 5-79 所示。

图 5-78　设置游戏胜利画面及其文字子对象的属性

游戏胜利界面应该有两个按钮，在设置好第一个按钮"PlayAgain"后，在"Hierarchy"窗口用鼠标左键单击"PlayAgain"对象再按键盘组合键"Ctrl+D"复制出另一个按钮对象"PlayAgain (1)"。将复制出的按钮对象更名为"Esc"，将其"Text"子对象的显示文字设置为"退出"，然后到"Scene"窗口利用平移工具将其移动到合适的位置。

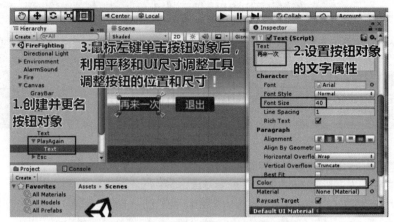

图5-79　创建并设置"Win"对象的按钮子对象

（3）复制出游戏失败画面对象并修改其属性

至此，游戏胜利提示界面制作完成，而游戏失败提示界面可以通过复制快速获得：在"Hierarchy"窗口用鼠标左键单击"Canvas"对象的"Panel"子对象"Win"再按键盘组合键"Ctrl+D"复制出另一个"Panel"子对象"Win（1）"，将复制出的"Panel"对象更名为"GameOver"，并参照"Win"对象的设置方法，将"GameOver"对象上显示的提示文字更改为"Game Over"且文字颜色更改为红色，将两个按钮上文字的颜色也更改为红色。

（4）将两个"Panel"对象设置为"非激活"状态

回到"Hierarchy"窗口，按住键盘上的"Ctrl"键不放用鼠标左键单击"Win"对象和"Game Over"对象，使它们同时处于被选中状态，再到"Inspector"窗口将它们都设置为"非激活"状态，如图5-80所示。

图5-80　将两个"Panel"对象设置为"非激活"状态

5.6.2　界面控制器的设计和实现

1. 创建并编写 C#脚本"UIManager"

到"Project"窗口的文件路径"Assets\Script\"的空白处单击鼠标右键，在弹出菜单中选择"Create->C# Script"，创建新的脚本并设置其名称为"UIManager"，鼠标左键双击新建的脚本进入编辑状态，添加"UIManager"类的成员变量并编写"Start()"函数如图5-81所示。

```
using System.Collections;
using System.Collections.Generic;
using UnityEngine;
using UnityEngine.UI;

public class UIManager : MonoBehaviour {

    //倒计时文字对象
    [SerializeField] Text timeShow;
    //游戏胜利提示界面
    [SerializeField] GameObject gameWinPanel;
    //游戏失败提示界面
    [SerializeField] GameObject gameOverPanel;

    void Start(){
        //确保两个提示界面都处于"非激活状态"
        gameWinPanel.SetActive (false);
        gameOverPanel.SetActive (false);
    }
}
```

图 5-81   "UIManager"类的成员变量和"Start()"函数

添加游戏成功和失败时分别被调用的成员函数"ToPlayerWinState()"和"ToPlayerLoseState()"，更新倒计时文字内容的"UpdateTimeCounter()函数"，如图 5-82 所示。

```
/// <summary>
/// 游戏胜利时调用的函数
/// </summary>
public void ToPlayerWinState(){
    //激活游戏胜利提示界面
    gameWinPanel.SetActive (true);
    //非激活游戏失败提示界面
    gameOverPanel.SetActive (false);
}

/// <summary>
/// 游戏失败时调用的函数
/// </summary>
public void ToPlayerLoseState(){
    //非激活游戏胜利提示界面
    gameWinPanel.SetActive (false);
    //激活游戏失败提示界面
    gameOverPanel.SetActive (true);
}

/// <summary>
/// 更新倒计时文字内容
/// </summary>
/// <param name="seconds"> 要显示的数字</param>
public void UpdateTimeCounter(float seconds){
    timeShow.text = seconds.ToString ();
}
```

图 5-82   "UIManager"类的成员函数

2. 创建"GamesManager"对象并加载脚本组件"UI Manager"

完成上述脚本代码的编写后，按组合键"Ctrl+S"保存，然后回到 Unity 在"Hierarchy"窗口空白处单击鼠标右键，在弹出菜单中选择"Create Empty"创建一个空游戏对象，并将其更名为"GamesManager"。

用鼠标左键单击"GamesManager"对象后将脚本"UIManager"从"Project"窗口拖曳到"Inspector"窗口并释放鼠标，从而将脚本组件"UI Manager"加载到"GamesManager"对象上。

从"Hierarchy"窗口将提示画面"Win"对象和"GameOver"对象分别拖曳赋值给"Games-Manager"对象"UI Manager"组件的"Game Win Panel"属性和"Game Over Panel"属性，将文字对象"Time"拖曳赋值给"GamesManager"对象"UI Manager"组件的"Time Show"属性，如图5-83所示。

图5-83 给"GamesManager"对象的"UIManager"组件的属性赋值

5.6.3 游戏控制器的设计和实现

1. 设计思路

设计一个计时协程，每隔1秒更新1次倒数计时。如果倒数计时到0则说明玩家没能在规定时间内把火熄灭，游戏失败，激活游戏失败提示界面。

此外，在火焰对象的脚本"MyExtinguishableFire.cs"中添加一个熄灭事件，在游戏控制器中侦听该事件，当事件触发时游戏胜利。设计一个"游戏胜利"函数作为该事件的回调函数，在该函数中停止计时协程，并激活游戏胜利提示界面。

在游戏失败或者胜利时，都要将火焰对象、角色控制器对象、灭火器玩家控制对象、喷射粒子对象和背景音音频源对象的相关组件设置为"非激活状态"，以达到"冻结"游戏的效果。

游戏控制器还应该提供重新开始游戏和退出游戏的函数，供提示界面上的按钮调用。

2. 修改脚本"MyExtinguishableFire.cs"

为脚本"MyExtinguishableFire.cs"添加火焰熄灭事件：在"Project"窗口的文件路径"Assets\Scripts\"下用鼠标左键双击脚本"MyExtinguishableFire.cs"进入编辑状态，添加新的引用和成员变量，如图5-84所示。

```
using System.Collections;
using System.Collections.Generic;
using UnityEngine;
using UnityEngine.UI;
using UnityEngine.Events;

public class MyExtinguishableFire : MonoBehaviour
{
```

图5-84 为"MyExtinguishableFire"类添加火焰熄灭事件

```
//当火焰被熄灭时触发的事件
public UnityEvent onFireExtinguished;

//一定时间间隔内的粒子碰撞计数
int m_ParticleCollisionCount;
//后面的代码省略
.........
}
```

图 5-84　为"MyExtinguishableFire"类添加火焰熄灭事件（续）

当火焰生命值降到 0 时，协程函数"Extinguishing ()"会被启动，因此可以在该协程的结尾触发火焰熄灭事件"onFireExtinguished"，具体代码如图 5-85 所示。

```
IEnumerator Extinguishing ()
{
    //此处省略多行代码
    .........

    //重置火势大小
    fireParticleSystem.transform.localScale = Vector3.one;
    //触发火焰熄灭事件
    onFireExtinguished.Invoke();
}
```

图 5-85　为"MyExtinguishableFire"类的火焰熄灭事件添加触发语句

3. 创建游戏管理类

在"Project"窗口的文件路径"Assets\Scripts\"下，创建名为"GamesManager"的 C#脚本，用鼠标左键双击该脚本使之进入编辑状态，为"GamesManager"类添加引用、依赖限定和成员变量，如图 5-86 所示。

```
using System.Collections;
using System.Collections.Generic;
using UnityEngine;
using UnityStandardAssets.Characters.FirstPerson;
using UnityEngine.SceneManagement;

[RequireComponent (typeof(UIManager))]
public class GamesManager : MonoBehaviour
{
    //火焰对象控制脚本组件
    [SerializeField] MyExtinguishableFire fire;
    //角色控制器脚本组件
    [SerializeField] FirstPersonController playerCtrler;
    //灭火器控制脚本组件
    [SerializeField] FireExtinguisherUserController
        fireExtingushierUCtrler;
    //全局音效控制组件
    [SerializeField] AudioSource alarmSound;
    //最长游戏时间
    [SerializeField] float time;
    //界面管理器
    UIManager uiManager;
    //游戏计时协程对象
    Coroutine timeCounter;
    //游戏进行的秒数
    float pastTime = 0;

}
```

图 5-86　给游戏管理类添加引用、依赖限定和成员变量

添加计时协程函数"TimeCounter ()"，并在"Start()"函数中启动该协程，将协程对象存储在变量"timeCounter"中，以便火焰熄灭事件触发时停止协程。具体代码如图 5-87 所示。

```csharp
void Start ()
{
    uiManager = GetComponent<UIManager> ();
    //监听火焰对象的熄灭事件，
    //当熄灭事件触发时调用 PlayerWin() 函数
    fire.onFireExtinguished.AddListener (PlayerWin);
    //初始化界面的倒计时数
    uiManager.UpdateTimeCounter (time);
    //启动游戏计时协程
    timeCounter = StartCoroutine (TimeCounter ());
}

// 计时协程
IEnumerator TimeCounter ()
{
    yield return new WaitForSeconds (1);
    pastTime += 1;
    uiManager.UpdateTimeCounter (time - pastTime);
    if (pastTime >= time) {
        //如果计时结束之前当前协程没有被停止，则游戏失败
        PlayerLose ();
    } else {
        timeCounter = StartCoroutine (TimeCounter ());
    }
}
```

图 5-87　游戏管理类的计时协程函数和"Start()"函数

在计时结束时调用的"PlayerLose()"函数，当火焰熄灭事件触发时调用的"PlayerWin()"函数，具体代码如图 5-88 所示。

```csharp
/// <summary>
/// 游戏胜利时调用的函数
/// </summary>
public void PlayerWin ()
{
    //停止计时协程
    StopCoroutine (timeCounter);
    //更新界面状态
    uiManager.ToPlayerWinState ();
    //冻结各主要游戏对象
    FreezeGameObjects ();
}

/// <summary>
/// 游戏失败时调用的函数
/// </summary>
public void PlayerLose ()
{
    //更新界面状态
    uiManager.ToPlayerLoseState ();
    //冻结各主要游戏对象
    FreezeGameObjects ();
}
```

图 5-88　游戏管理类的"PlayerLose()"函数和"PlayerWin()"函数

在"PlayerLose()"函数和"PlayerWin()"函数中都会用到的"冻结函数""FreezeGameObjects()"的具体代码如图 5-89 所示。

```
// 通过将相关组件设置为"非激活状态"实现游戏对象的"冻结"
void FreezeGameObjects ()
{
    // 恢复鼠标功能
    Cursor.lockState = CursorLockMode.None;
    Cursor.visible = true;
    // 关闭全局音效
    alarmSound.Stop ();
    // "冻结"火焰、角色、灭火器对象
    fire.enabled = false;
    playerCtrler.enabled = false;
    fireExtingushierUCtrler.enabled = false;
}
```

图 5-89　游戏管理类的"冻结"函数

提供给"再来一次"按钮和"退出"按钮调用的两个函数的具体代码如图 5-90 所示。

```
/// <summary>
/// 重新开始游戏，该函数供 UI "再来一次" 按钮使用
/// </summary>
public void PlayAgain ()
{
    SceneManager.LoadScene ("FireFighting");
}

/// <summary>
/// 退出游戏，该函数供 UI "退出" 按钮使用
/// </summary>
public void Quit ()
{
    Application.Quit ();
}
```

图 5-90　游戏管理类的"重开"函数和"退出"函数

4. 修改灭火器玩家控制类

当游戏结束时，玩家的鼠标左键可能仍然处于按下状态，如果此时仅仅将灭火器的玩家控制组件"Fire Extinguisher User Controller"设置为"非激活状态"，是无法使喷射粒子及其音效停止工作的。因此需要对"FireExtinguisherUserController"类进行修改，使之在进入"非激活状态"之前能够关闭喷射音效并让喷射粒子不再响应玩家鼠标左键。实现这一目标的代码可以写在"FireExtinguisher-UserController"类的"OnDisable()"函数中，如图 5-91 所示。

```
using System.Collections;
using System.Collections.Generic;
using UnityEngine;
using UnityStandardAssets.Effects;

// 该组件依赖 FireExtinguisher 组件
[RequireComponent(typeof(FireExtinguisher))]
public class FireExtinguisherUserController : MonoBehaviour {

    // 用于存储灭火器类 FireExtinguisher 的成员变量
    FireExtinguisher fireExtinguisher;
    // 用于存储灭火器喷射粒子对象控制组件 Hose 的成员变量

    Hose hose;
```

图 5-91　对灭火器用户控制类的修改

139

```
void Start () {
    //获取 FireExtinguisher 组件
    fireExtinguisher = GetComponent<FireExtinguisher> ();
    //从子对象中获取 Hose 组件
    hose=GetComponentInChildren<Hose>();
    if (hose == null) {
        print ("子对象中没有 hose 组件");
    }
}

//在进入"非激活状态"时会被系统调用的函数
void OnDisable(){
    fireExtinguisher.BeReleased();
    hose.enabled = false;
}

//后面的代码省略
.........
}
```

图 5-91　对灭火器用户控制类的修改（续）

5. 将脚本"GamesManager"加载到"GamesManager"对象上并设置属性

到"Hierarchy"窗口用鼠标左键单击"GamesManager"对象，再将脚本"GamesManager.cs"拖曳到"Inspector"窗口的空白处，使得"Games Manager"脚本组件加载到"GamesManager"对象上。然后从"Hierarchy"窗口，将"AlarmSound"对象拖曳赋值给"Alam Sound"属性，将"Fire"对象拖曳赋值给"Fire"属性，将"FPSController"对象赋值给"Player Ctrler"属性，将"Fire Extinguisher"对象赋值给"Fire Extinguishier U Ctrler"属性，并设"Time"属性为40，将游戏时间设置为40秒，如图5-92所示。

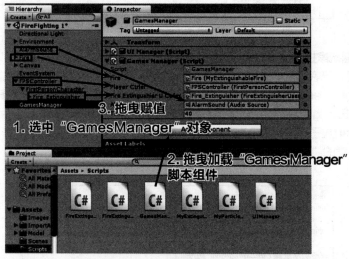

图 5-92　将脚本"GamesManager"加载到"GamesManager"对象上并设置属性

6. 在按钮对象的"On Click()"列表中添加游戏管理对象的相关函数

（1）添加"重开"函数

回到"Hierarchy"窗口，展开"Canvas"对象，按住键盘"Ctrl"键不放，用鼠标左键单击"Win"对象的"PlayAgain"子对象和"GameOver"对象的"PlayAgain"子对象，再到"Inspector"窗口找到"Button"组件的"On Click()"列表，用鼠标左键单击列表右下方的加号添加一个表项。从"Hierarchy"窗口将"GameManager"对象拖曳赋值到表项中，并在表项右边的下拉菜单中选择

"GameManager"类的"PlayAgain()"函数。具体过程如图 5-93 所示。

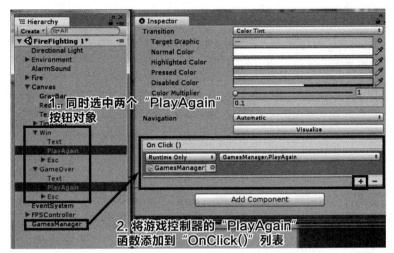

图 5-93　为"再来一次"按钮添加单击回调函数

（2）添加"退出"函数

用上述同样的方法，把"GameManager"类的"Quit()"函数添加到两个"Esc"按钮对象"Button"组件的"On Click()"列表中。

5.6.4　游戏运行与验证

运行游戏，如图 5-94 所示，可以看到游戏画面右上角有倒计时时间显示，如果能在倒计时结束之前熄灭火焰，则出现游戏胜利画面，并能够选择"再来一次"或"退出"；如果在倒计时结束时火焰仍未熄灭，则出现游戏失败画面，也能够选择"再来一次"或"退出"。在上述提示画面出现时，场景中的游戏角色、灭火器、喷射粒子、音效都停止工作。值得注意的是，在 Unity 编辑器中测试游戏时，"退出"按钮是无效的，只有在导出独立可执行的游戏后，"退出"按钮才真正有效。

图 5-94　游戏胜利画面

5.7 本章小结

（1）本章涉及的知识点

① 粒子特效对象。

② 声音源对象。

③ UI 图形对象（Image）。

④ 粒子碰撞检测。

⑤ Unity 的事件机制。

⑥ 界面管理类的作用。

⑦ 游戏管理类的作用。

（2）本章涉及的技能点

① 粒子特效资源的载入和使用。

② 声音源对象的创建和使用。

③ 如何利用 UI 图形对象制作"血条"。

④ 第一人称游戏角色的创建和使用。

⑤ 如何用脚本控制声音的播放。

⑥ 如何用脚本控制粒子系统的工作。

⑦ 如何实现粒子碰撞检测。

⑧ 如何利用事件机制检测某个过程的结束。

⑨ 如何设计和使用界面管理类。

⑩ 如何设计和使用游戏管理类。

本章所介绍的方法具有普遍性，读者可以参照 5.4 节所介绍的工作流程来实现粒子特效的控制；参照 5.5 节所介绍的工作流程来使用粒子碰撞检测；参照 5.6 节所介绍的方法来实现基于计时的游戏管理。

5.8 习题

1. 以下（　　）效果不是粒子系统可以实现的。

A. 水面反光效果

B. 火焰

C. 烟雾

D. 下雨

2. 以下关于"Particle System"组件的说法，错误的是（　　）。

A. "Particle System"组件是游戏对象能产生特效的必备条件

B. 多个具有"Particle System"组件的游戏对象以父子关系的形式组合在一起可以模拟现实世界中的复杂效果

C. 在 Unity 的"Hierarchy"窗口中用鼠标单击具有"Particle System"组件的对象，会在"Scene"窗口中显示"Particle Effect"对话框并实时回放该对象的粒子效果

D. 在"Scene"窗口的"Particle Effect"对话框中可以设置粒子的属性

3. 以下关于"Audio Source"组件的说法中错误的是（　　）。

A. "AudioClip"属性用于指定要播放的声音文件，一个"Audio Source"组件可以同时播放多个声音文件

B. "Player On Awake"属性用于设置是否一激活就播放声音

C. "Loop"属性用于设置是否循环播放声音

D. "Spatial Blend"属性用于设置声音的 2D 和 3D 效果的混合程度，取 0 时为纯 2D 效果，取 1 时为纯 3D 效果

4. 以下关于如何实现粒子碰撞检测的说法错误的是（　　）。

A. 被碰撞的对象必须具备"Collider"组件

B. 粒子对象"Particle System"组件"Collision"单元的"Send Collision Messages"属性必须设置为"true"

C. 当粒子与其他游戏对象发生碰撞时，会触发"OnParticleCollision"事件

D. 同一个粒子系统的多个粒子同时碰到一个游戏对象时，会触发多个"OnParticleCollision"事件

5. 关于"血条"的设计，以下说法错误的是（　　）。

A. "血条"可以使用 Unity 的 UI 对象"Image"来实现

B. 通过设置"血条"对象"Image"组件的"Source Image"属性来指定代表"血条"的图片

C. "血条"对象"Image"组件的"Image Type"属性应该设置为"Filled"

D. 通过设置"血条"对象"Image"组件的"Fill Amount"属性即可控制"血条"的空满程度，设置为 0 时血条满，设置为 1 时血条空

5.9 中英文对照表

英文单词	中文释义
Button	按钮
Canvas	画布
Canvas Scaler	画布尺寸缩放器
Continue	继续
Sprite（2D and UI）	精灵（二维和界面）
Rect Transform	矩形变换
Particle System	粒子系统
Panel	面板
Play On Awake	启动时播放
All	所有的
Image	图片
Loop	循环
UI	用户接口（界面）

第6章
交互界面、角色动画及战斗交互——异星猎手

06

6.1 项目概览

在本章的项目中，玩家可通过 UI 给游戏主角换装，然后用键盘和鼠标操纵游戏主角用激光枪与场景中的敌人——自爆机器人进行战斗。

通过实现本项目，读者将学习交互界面的功能实现、角色动画的应用、自动寻路功能的使用以及不同角色之间互动功能的实现。

6.1.1 学习目标

了解 UI 对象的作用和结构。
了解"Animator"组件的作用。
了解动画控制状态转换图的作用。
了解自动寻路组件的作用。
掌握 UI 与游戏对象交互功能的实现方法。
掌握游戏角色的动作控制方法。
掌握游戏对象之间战斗交互功能的实现方法。

6.1.2 项目需求

1. 主角换装

在本项目中，玩家通过换装交互界面来进行游戏主角的换装操作。在游戏的换装状态下，用鼠标左键单击游戏界面的左右箭头可实现场景中游戏主角的服装变化，当玩家选择到满意的服装后用鼠标单击确认按钮即可完成换装操作，换装交互界面消失，游戏进入战斗状态。

2. 战斗状态下的角色控制

战斗状态下，玩家的视角在主角后上方跟随主角移动，通过键盘上的"W""A""S""D"键控制主角移动，通过空格键控制主角跳跃；当玩家按下鼠标右键时，主角会举起武器并瞄准鼠标所指位置，当玩家再按下鼠标左键时会有激光从枪口射向鼠标所指位置。

3. 敌人的行为及战斗交互

敌人为"自爆"机器人，从游戏场景中的多个位置诞生。当主角进入敌人的探测范围时，会被敌人跟踪，如果敌人足够接近主角则发生爆炸并使主角受到伤害。主角使用的激光能够使敌人提前爆炸，从而消灭敌人。

4. 游戏胜负

敌人的总数量有上限，当所有敌人被消灭时，则主角胜利；主角有生命值，当生命值降到 0 时则玩家失败，游戏结束。

5. 战斗状态下的界面

战斗状态下，游戏界面以文字方式显示主角的生命值。

6. 游戏画面效果

游戏画面效果如图 6-1 所示，分为换装状态和战斗状态两种情况。

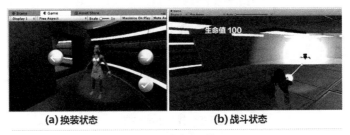

(a) 换装状态 **(b) 战斗状态**

图 6-1 游戏画面效果

6.2 创建工程和场景

1. 创建新工程

创建名为"UIandAnimation"的新 Unity 项目，如图 6-2 所示。

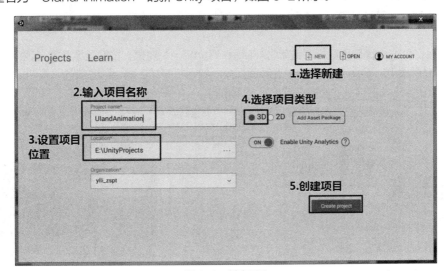

图 6-2 创建项目

2. 导入环境和人物角色素材

导入本章素材中名为"UlandAnimation_Envirement"和"UlandAnimation_Player"的两个资源包，如图6-3所示。

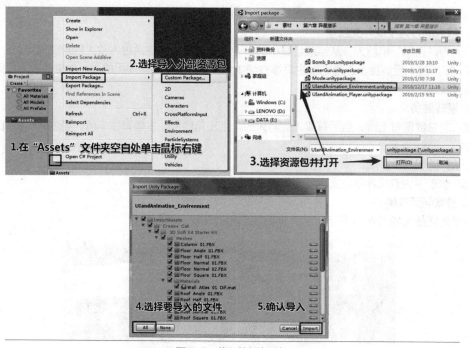

图6-3 载入外部资源包

导入完成后会看到"Project"窗口中的"Assets"文件夹内出现"ImportAssets"和"Prefabs"两个文件夹，场景中的建筑物环境对象"Environment"和游戏主角对象"Player"的预制体就在"Prefabs"文件夹中，如图6-4所示。

3. 调整主摄像机视角

用鼠标左键分别将上述两个预制体拖曳到"Hierarchy"窗口中从而将环境对象和主角对象添加到当前场景中，双击"Hierarchy"窗口中的"Player"对象并在"Scene"窗口中用鼠标滚轮拉近视角，可以观察到建筑物内的游戏主角，调整观察视角使游戏主角的正面完全呈现在窗口中，如图6-5所示。

到"Hierarchy"窗口用鼠标左键单击"Main Camera"对象，按键盘组合键"Ctrl+Shift+F"使主摄像机的视角与"Scene"窗口中的观察视角一致，打开"Game"窗口可以看到操作的结果，如图6-6所示。主角的换装功能将在这个视角下进行。

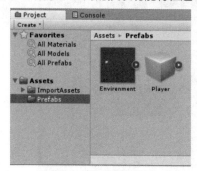

图6-4 载入的外部资源

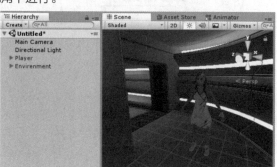

图6-5 载入环境和主角对象并调整视角

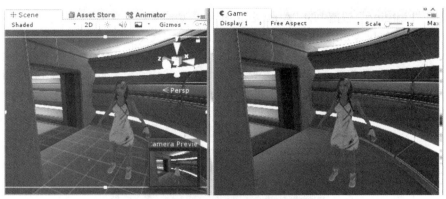

图 6-6　调整主摄像机视角后的效果

4. 保存场景

在"Project"窗口的"Assets"文件夹中空白处单击鼠标右键后在弹出菜单中选择"Create->Folder"选项创建出新文件夹，并用键盘输入新文件夹名称"Scenes"后按回车键完成场景文件夹的创建，如图 6-7 所示。

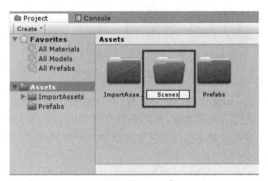

图 6-7　创建"Scenes"文件夹

按键盘上的组合键"Ctrl+S"，在弹出的"Save Scene"窗口中选择刚创建的"Scenes"文件夹保存当前场景，文件名设置为"UIandAnimation"，按窗口右下方的"保存"按钮完成当前场景的保存。操作过程如图 6-8 所示。

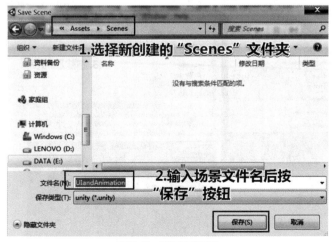

图 6-8　保存当前场景

5. 关闭 "Lighting" 设置中的 "Auto Generate" 功能

默认情况下，Unity 项目的 "Lighting" 设置中的 "Auto Generate" 功能处于开启状态，为了避免该功能造成的操作界面卡顿现象，需要将其关闭。具体操作方法为：用鼠标左键单击 Unity 功能菜单栏中的 "Window" 菜单并选择 "Window->Lighting->Settings" 选项，在弹出的 "Lighting" 窗口中用鼠标单击 "Scene" 按钮显示 "Scene" 选项卡，找到 "Auto Generate" 选项并单击该选项前的复选框使之处于 "非勾选" 状态，如图 6-9 所示。

图 6-9　取消自动烘培设置

项目制作完成后，可回到 "Lighting" 窗口单击 "Generate Lighting" 按钮进行手动烘培。光照烘培完成后游戏场景将呈现最终的光照效果，此时场景文件 "UIandAnimation" 所在文件夹 "Scenes" 中会出现一个同名文件夹，该文件夹中存储的是光照烘培后产生的光照贴图。

6. 使用现成的光照数据文件

为了节省时间，素材中包含了已经烘培好的光照贴图压缩包 "UIandAnimation.zip"，只要将其解压到项目的文件路径 "Assets\Scenes\" 下即可，如图 6-10 所示。

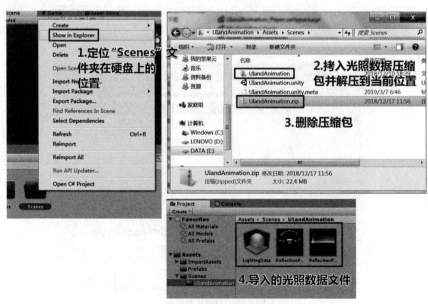

图 6-10　导入现成的光照数据文件

回到 Unity 的 "Lighting" 窗口，单击 "Global maps" 按钮使窗口切换到全局映射界面，再用鼠标左键单击 "Lighting Data Asset" 选项右侧的圆圈图案，在弹出的 "Sclect LightingDataAsset" 窗口中用鼠标左键单击左上方的 "Assets" 选项卡，使窗口显示项目资源中包含的光照数据文件，然后用鼠标左键单击文件 "LightingData" 将该文件设置为 "Lighting Data Asset" 选项的值，具体操作如图 6-11 所示。

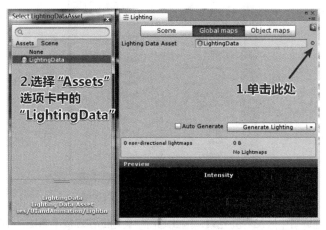

图 6-11　导入现成的光照贴图

6.3　游戏换装交互界面的设计和功能实现

要实现主角的换装功能，需要向玩家提供交互界面。在本项目中，采用按钮作为交互元素，玩家通过单击按钮来给主角选择服装。

6.3.1　交互界面的设计

主角换装功能所需的交互界面如图 6-12 所示，共有三个按钮，左右箭头按钮用于切换主角的服装，打钩按钮用于确定玩家的选择并使游戏进入战斗状态。

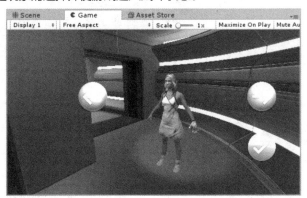

图 6-12　换装交互界面的预期效果

1. 添加界面元素并进行初步设置

（1）添加第一个界面元素——按钮

在 "Hierarchy" 窗口空白处单击鼠标右键，在弹出菜单中选择 "UI->Button" 选项从而在场景中添加一个按钮对象，具体操作如图 6-13 所示。

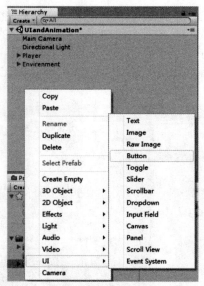

图6-13 在场景中添加一个按钮对象

由于是首次在当前场景中添加界面元素，因此 Unity 会自动在场景中添加一个 "Canvas（画布）"对象和一个 "EventSystem" 对象，而新添加的按钮对象 "Button" 则是 "Canvas" 对象的子对象，如图 6-14 所示。

在 Unity 中 "Canvas" 对象是所有其他界面元素的载体，因此后续新添加的界面元素都会默认成为 "Canvas" 对象的子对象。而 "EventSystem" 对象则专门处理界面元素的交互事件，也是 Unity 界面系统中不可或缺的对象。

（2）复制按钮对象并更改其名称

在 "Hierarchy" 窗口中用鼠标左键单击 "Button" 对象后连续按键盘组合键 "Ctrl+D" 2 次从而复制出 2 个新的按钮对象。然后将当前场景中的 3 个按钮对象分别更名为 "Left"，"Right" 和 "OK"。以 "Left" 按钮为例，更名的过程如图 6-15 所示。

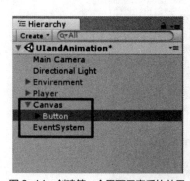

图6-14 创建第一个界面元素后的效果

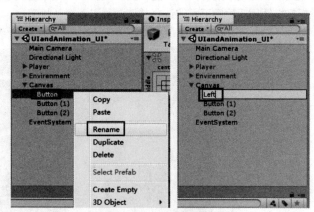

图6-15 更改按钮对象的名称

（3）设置 "Canvas" 对象的属性

在 "Hierarchy" 用鼠标左键单击 "Canvas" 对象使其组件显示在 "Inspector" 窗口，将 "Canvas" 组件的 "Render Mode（渲染模式）"属性设置为 "Screen Space-Overlay（覆盖屏幕空间）"，如图 6-16 所示。

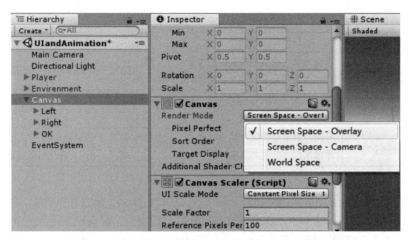

图 6-16　设置"Canvas"对象"Canvas"组件的渲染模式

将"Canvas Scaler"组件的"UI Scale Mode(界面比例模式)"属性设置为"Scale With Screen Size (跟随屏幕尺寸变化)",如图 6-17 所示并将"Match (匹配度)"属性设置为 0.5。

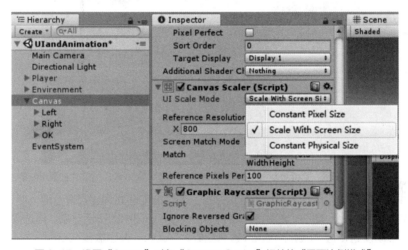

图 6-17　设置"Cavas"对象"Canvas Scaler"组件的"界面比例模式"

"Canvas"组件"Render Mode"属性不同取值的作用及适用范围的说明如表 6-1 所示,"UI-Scale Mode"属性不同取值的作用及适用范围的说明如表 6-2 所示。

表 6-1　　　　　　"Canvas"组件"Render Mode"属性不同取值的作用及适用范围

"Render Mode"属性值	作用	适用范围
Screen Space-Overlay	将界面元素覆盖到游戏画面上	在计算机、手机等普通设备上运行的作品,制作一般界面时
Screen Space-Camera	将界面元素渲染到指定摄像机前方的一个平面上,平面与摄像机之间的游戏物体会遮挡界面	在计算机、手机等普通设备上运行的作品,制作需要渲染到部分游戏物体后面的界面时
World Space	将界面元素渲染到虚拟空间中,"Canvas"对象作为三维空间中的一个平面呈现在场景中	使用头戴式虚拟现实设备的作品,或者用于模拟虚拟世界中的电脑屏幕、触屏等虚拟交互界面

151

表6-2   "Canvas"组件"UI Scale Mode"属性不同取值的作用及适用范围

"UI Scale Mode"属性值	作用	适用范围
Constant Pixel Size	界面元素会被渲染为固定的像素尺寸，游戏画面的变化不会改变界面元素的大小	适用于画面像素尺寸固定的作品
Scale With Screen Size	界面元素的大小会随着窗口画面的尺寸变化而自动调整	适用于画面尺寸不固定的作品
Constant Physical Size	界面元素渲染为固定的物理尺寸，不受界面像素尺寸变化的影响	适用于显示设备物理尺寸已经确定的情况，比如运行在街机等定制设备上的作品

（4）将三个按钮摆放到合适的位置上

为了方便观察操作的结果，应先将"Scene"窗口和"Game"窗口并列摆放，再用鼠标左键单击"Scene"窗口上方工具栏中的"2D"按钮将观察视角切换为二维模式，然后到"Hierarchy"窗口双击"Canvas"对象使之显示在"Scene"窗口中间，如图6-18所示。

图6-18 观察"Canvas"对象在"Scene"窗口和"Game"窗口中的显示效果

在"Scene"窗口中用鼠标滚轮拉近视角并按下滚轮拖曳画面调整观察范围，使"Canvas"对象基本占满整个"Scene"窗口。然后单击"Hierarchy"窗口中的按钮对象，再选择 Uinty 工具栏中的平移工具移动按钮，将"Left"按钮放置在左侧，"Right"按钮放置在右侧，"OK"按钮放置在右下侧，并可在"Game"窗口查看效果，如图6-19所示。

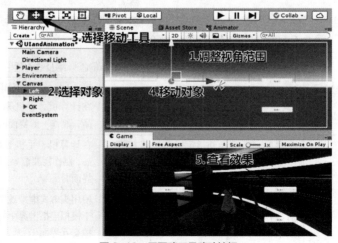

图6-19 用平移工具移动按钮

为了让"Left"按钮和"Right"按钮左右对齐且让"Right"按钮和"OK"按钮上下对齐,可以在"Inspector"窗口中适当调整它们"Rect Transform"组件的"PosX"和"PosY"属性的值,让"Left"按钮和"Right"按钮的"PosY"属性值一致,让"Right"按钮和"OK"按钮的"PosX"属性值一致。具体操作过程如图6-20所示。

图6-20 在"Inspector"窗口设置按钮的位置

2. 更换按钮的显示效果并调整大小和位置

(1)将界面图片素材复制到项目中并设置为精灵(Sprite)

将本章素材中的"Images.zip"文件以文件夹的形式解压到本项目的"Assets"文件夹中并回到Unity操作界面,在"Project"窗口的文件路径"Assets\Images\"下可以看到3个png文件,分别为"left.png""ok.png"和"right.png",如图6-21所示。

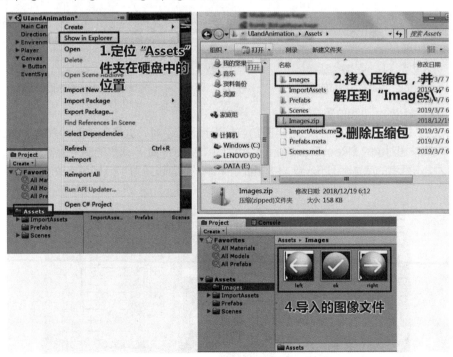

图6-21 将按钮图片资源导入项目中

按住键盘上的"Ctrl"键不放,然后用鼠标左键分别单击三个图像文件从而将它们同时选中,再到"Inspector"窗口将属性"Texture Type"设置为"Sprite(2D and UI)",然后单击下方的"Apply"按钮确认,如图6-22所示。经过这样设置的图片才可以应用到界面元素上。

（2）将图片素材应用到按钮对象上

在"Hierarchy"窗口用鼠标左键单击按钮对象后，从"Project"窗口的文件路径"Assets\Image\"下将与按钮对应的图片文件拖曳到"Inspector"窗口"Image"组件的"Source Image"属性上，从而完成该按钮显示图案效果的设置，如图6-23所示。其中"Left"按钮使用"left.png"，"Right"按钮使用"right.png"，"OK"按钮使用"ok.png"。

图6-22　设置图片素材的属性

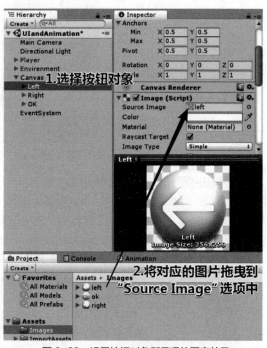

图6-23　设置按钮对象所呈现的图案效果

（3）调整按钮的大小和位置

此时观察"Game"窗口会发现按钮图片的显示比例不对，这是因为图片素材的像素尺寸为256×256，而按钮对象的"Rect Transform"组件的"Width（宽）"属性的值为160，"Height（高）"属性的值为30，两者的宽高比例不一致，将按钮的宽和高的值都设置为120即可解决该问题，如图6-24所示。

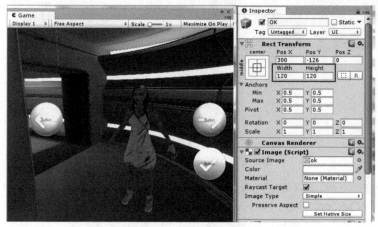

图6-24　设置按钮的宽和高

（4）删除按钮自带的文字对象

到"Game"窗口观察可以发现按钮上好像有"污迹"，其实这是按钮自带的文字，要清除"污迹"需将三个按钮的"Text（文字）"子对象删除。以"OK"按钮为例，删除其"Text"子对象的具体方法为：在"Hierarchy"窗口用鼠标单击"OK"对象左侧的三角形图案展开其子对象列表，单击子对象"Text"然后按键盘上的"Delete"键即可删除该对象，如图 6-25 所示。

图 6-25　删除按钮对象的"Text"子对象

6.3.2　探索游戏主角模型从而确定换装思路

在"Hierarhchy"窗口中单击"Player"对象左侧的三角形图案展开其子对象列表，可发现构成"Player"对象的各个子对象中除了身体"bb_female_body"、头发"bb_female_hair"和参考点"reference"外，其他子对象均为服装模型对象，如图 6-26 所示。

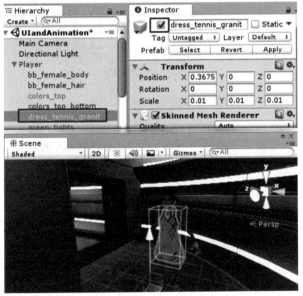

图 6-26　探索游戏主角对象的子对象

通过探索可以发现，服装模型对象可以分为三类：上装、下装和鞋。只要保证三类服装对象中，每类都只有一个对象处于"激活"状态，就可以正确地显示一套服装。为实现换装功能，可以预先挑选几套服装作为备选套装，然后设计合适的"套装"类脚本和"换装"类脚本来实现游戏主角的换装功能。

6.3.3 设计换装功能所需的类及其游戏对象

实现主角换装功能需要设计两个类：一个是"套装"类，用于表示上装、下装和鞋的组合，并具备"激活""不激活"的功能；另一个是"换装"类，该类应该能存储所有备选的套装，并具备切换主角身上所显示套装的功能。

1. 创建C#脚本"ClothesSuit"和"ChangeClothes"

在"Project"窗口的文件路径"Assets\Scripts\"的空白处单击鼠标右键并在弹出菜单中选择"Create->C# Script"选项，从而创建出一个新的脚本文件，通过键盘输入脚本名称"ClothesSuit"后按回车键完成脚本的创建。重复上述操作再在文件路径"Assets\Scripts\"下创建一个名为"ChangeClothes"的脚本。过程如图6-27所示。

图6-27 创建新脚本

用鼠标左键双击脚本文件，使之在"MonoDevelop"中打开进入编辑状态，即可开始输入代码，如图6-28所示。

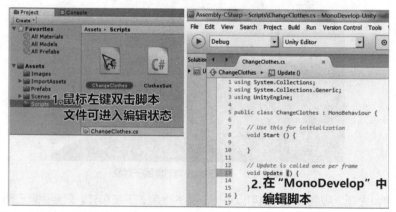

图6-28 打开脚本

2. 套装类"ClothesSuit"的设计

套装类"ClothesSuit"的代码如图6-29所示，代码的具体含义见注释。

```
public class ClothesSuit : MonoBehaviour {
    //上装
    [SerializeField] GameObject top;
    //下装
    [SerializeField] GameObject bottom;
    //鞋子
    [SerializeField] GameObject shoes;

    //设置套装状态, true 则激活, false 则不激活
    public void SetSuit(bool active){
        if (top != null) {
            top.SetActive (active);
        }
        if (bottom != null) {
            bottom.SetActive (active);
        }
        if (shoes != null) {
            shoes.SetActive (active);
        }
    }
}
```

图 6-29　套装类 "ClothesSuit" 的代码

3. 换装类 "ChangeClothes" 的设计

换装类 "ChangeClothes" 的成员变量如图 6-30 所示，其中 "suits" 变量是用于存储所有备选套装的数组，"currentSuitIndex" 变量表示当前被选中套装在 "suits" 数组中的索引值，其默认值为 0。

```
public class ChangeClothes : MonoBehaviour
{
    //套装数组, 用于存储所有备选套装
    [SerializeField] ClothesSuit[] suits;
    //当前选中套装的索引值
    int currentSuitIndex = 0;
    //是否切换到下一个套装, 用于在 Unity 界面中测试
    [SerializeField] bool next = false;
    //是否切换到上一个套装, 用于在 Unity 界面中测试
    [SerializeField] bool last = false;

}
```

图 6-30　换装类 "ChangeClothes" 的成员变量

"suits" 数组在 "ChangeClothes" 类的 "Start" 函数中初始化，同时在该函数中调用 "DressUp()" 函数从而激活当前套装索引值 0 所对应的套装，如图 6-31 所示。

```
void Start ()
{
    //获取当前对象的所有套装组件, 并存储到 suits 数组中
    suits = GetComponents<ClothesSuit> ();
    //激活当前索引值对应的套装
    DressUp ();
}
```

图 6-31　换装类 "ChangeClothes" 的 "Start()" 函数

"DressUp()" 函数及与之对应的 "TakeOff()" 函数的代码如图 6-32 所示。

```
void TakeOff ()
{
    //非激活当前索引值对应的套装
    suits [currentSuitIndex].SetSuit (false);
}

void DressUp(){
    //激活当前索引值对应的套装
    suits [currentSuitIndex].SetSuit (true);
}
```

图 6-32　换装类"ChangeClothes"的"TakeOff()"函数和"DressUp()"函数

　　实现前后向切换套装功能的两个函数"NextSuit()"和"LastSuit()"的代码分别如图 6-33 和图 6-34 所示。

```
/// <summary>
/// 切换到下一个套装
/// </summary>
public void NextSuit ()
{
    //非激活当前索引值对应的套装
    TakeOff ();
    //后向更新索引值
    currentSuitIndex += 1;
    //如果索引值超出数组范围，则回到0
    if (currentSuitIndex >= suits.Length) {
        currentSuitIndex = 0;
    }
    //激活更新后的索引值所对应的套装
    DressUp();
}
```

图 6-33　换装类"ChangeClothes"的"NextSuit()"函数

```
/// <summary>
/// 切换到上一个套装
/// </summary>
public void LastSuit ()
{
    //非激活当前索引值对应的套装
    TakeOff ();
    //前向更新索引值
    currentSuitIndex -= 1;
    //如果索引值小于0，则回到最大的索引值
    if (currentSuitIndex < 0) {
        currentSuitIndex = suits.Length - 1;
    }
    //激活更新后的索引值所对应的套装
    DressUp();
}
```

图 6-34　换装类"ChangeClothes"的"LastSuit()"函数

　　为了方便在 Unity 编辑器中试运行游戏时可通过设置成员变量"next"和"last"的值来实验"NextSuit()"函数和"LastSuit()"函数的功能，在"ChangeClothes"类的"Update()"函数中添加代码，如图 6-35 所示。

```
void Update ()
{
    /*确保在测试时，可以通过设置 next 和 last
    实验 NextSuit 函数和 LastSuit 函数的功能*/
    if (next) {
        NextSuit ();
        next = false;
    }
    if (last) {
        LastSuit ();
        last = false;
    }
}
```

图 6-35 换装类 "ChangeClothes" 的 "Update()" 函数

4. 创建并设置换装对象 "ClothesChanger"

（1）设计思路

为了让套装类 "ClothesSuit" 和换装类 "ChangeClothes" 发挥作用，需要将它们作为组件加载到游戏场景中的游戏对象上。由于换装功能相对主角的其他功能较为独立，因此可专门创建一个空对象并命名为 "ClothesChanger"，并将套装类 "ClothesSuit" 和换装类 "ChangeClothes" 加载到该对象上成为其组件。

（2）创建空对象并更名为 "ClothesChanger"

在 "Hierarchy" 窗口空白处单击鼠标右键，在弹出菜单中选择 "Create Empty" 选项从而在场景中创建一个名为 "GameObject" 的空对象，然后在 "GameObject" 对象上单击鼠标右键，在弹出的菜单中选择 "Rename" 使对象名称进入编辑状态，用键盘输入名称 "ClothesChanger" 并按回车键完成名称的更改。具体操作过程如图 6-36 所示。

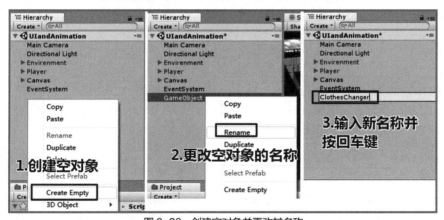

图 6-36 创建空对象并更改其名称

（3）将脚本 "ClothesSuit" 和 "ChangeClothes" 加载到对象 "ClothesChanger" 上

在 "Hierarchy" 窗口用鼠标左键单击 "ClothesChanger" 对象使之处于被选中状态，再到 "Inspector" 窗口用鼠标左键单击 "Add Component" 按钮并在下拉菜单的搜索框中输入关键词 "cloth" 从而使 C#脚本 "ClothesSuit" 和 "ChangeClothes" 出现在菜单项中，用鼠标左键单击菜单中的 C# 脚本组件 "ChangeClothes" 将其加载到 "ClothesChanger" 对象上，如图 6-37 所示。

（4）将多个 "ClothesSuit" 脚本加载到对象 "ClothesChanger" 上

再次用鼠标左键单击 "Add Component"，在下拉菜单中用鼠标左键单击 C#脚本组件 "Clothes Suit" 从而将其加载到 "ClothesChanger" 对象上，根据备选套装的数量重复加载 "Clothes Suit" 组件的操作，打算给玩家提供多少套可选择的套装就加载多少个"ClothesSuit"组件。最终效果如图6-38所示。

图6-37　在"ClothesChanger"对象上加载脚本组件"Change Clothes"

图6-38　加载"Change Clothes"组件和"Clothes Suit"组件后的换装对象"ClothesChanger"

（5）根据主角当前套装设置第一个"Clothes Suit"组件

接下来要给"ClothesChanger"对象的每个"Clothes Suit"组件的"Top""Bottom""Shoes"三个属性赋值，"Top"对应上装，"Bottom"对应下装，"Shoes"对应鞋，如图6-39所示。

具体操作方法为：在"Hierarchy"窗口用鼠标左键单击"ClothesChanger"对象后到"Inspector"窗口用鼠标左键单击右上角的锁图案从而将"Inspector"窗口显示的内容锁定在"ClothesChanger"对象上，如图6-40所示。

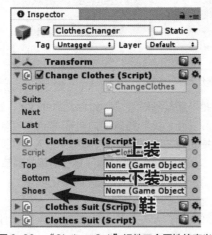

图6-39　"Clothes Suit"组件三个属性的意义

图6-40　锁定"Inspector"窗口

从"Hierarchy"窗口将"Player"对象的三个子对象用鼠标左键拖曳到第一个"Clothes Suit"组件的三个对应属性上,从而完成赋值操作,该过程如图 6-41 所示。在完成操作后,再次用鼠标左键单击"Inspector"窗口右上角的锁图案即可将其解锁。

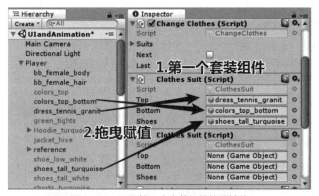

图 6-41　设置第一个套装组件的属性值

(6)根据备选套装设置其他"Clothes Suit"组件

用同样的方法给剩下的三个套装组件赋值,本案例推荐的具体服装对象如表 6-3 所示。

表 6-3　　　　　　　　　　　　　　　本案例推荐的套装组合

	套装一	套装二	套装三	套装四
Top(上装)	dress_tennis_granit	sportswear_sweater_granit	jacket_hive	sportswear_top
Bottom(下装)	colors_top_bottom	sportwear_pants_granit	tights_gray	shorts_turquoise
Shoes(鞋)	shoes_tall_turquoise	shoes_tall_white	shoe_low_white	shoes_tall_turquoise

当然,读者也可以根据自己的喜好选用自己喜欢的套装,或者在"ClothesChanger"对象上增加更多的套装组件"Clothes Suit"并设置更多的套装。

(7)运行游戏验证换装效果

完成以上操作后,单击 Unity 操作界面上方的"播放"按钮试运行游戏,在"Inspector"窗口用鼠标左键勾选"ClothesChanger"对象"Change Clothes"组件的"Next"和"Last"属性,可以在"Game"窗口观察到主角服装的变化,如图 6-42 所示。

图 6-42　测试换装效果

6.3.4　将交互界面与换装功能关联

虽然现在已经实现了游戏主角换装的核心功能,但是交互界面上的按钮与具体的换装操作并没有关联在一起，接下来将进行这部分的工作。

1. 界面按钮对象和"ClothesChanger"对象的功能分析

在游戏运行状态下玩家单击交互界面的按钮会发生什么呢？在"Hierarchy"窗口中用鼠标左键单击"Canvas"对象的按钮子对象"Left"，然后到"Inspector"窗口可以看到按钮对象的各个组件，如图 6-43 所示，其中"Button"组件是最为核心的组件，"Button"组件的"On Click()"列表提供了这样的功能：在游戏运行状态下，当玩家单击该按钮时，其"Button"组件会遍历"On Click()"列表，并将列表中所列的函数依次执行——这就是按钮能与场景中其他对象进行交互的关键。

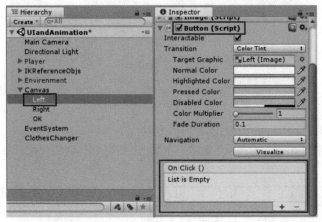

图 6-43　按钮界面对象的"Button"组件及其"On Click()"列表

本项目的换装功能依靠"ClothesChanger"对象"Change Clothes"组件的"NextSuit()"函数和"LastSuit()"函数来实现。当"NextSuit()"函数被执行时会使游戏主角切换到下一个套装，而当"LastSuit()"函数被执行时会使游戏主角切换回上一个套装，因此只要将"NextSuit()"函数与按钮"Right"关联，将"LastSuit()"函数与按钮"Left"关联，就可以让玩家通过按钮换装，而"OK"按钮的作用是结束换装状态并退出换装交互界面，如图 6-44 所示。

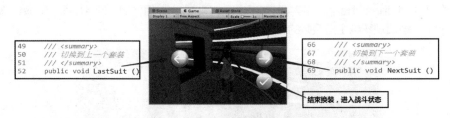

图 6-44　界面按钮与"ChangeClothes"类成员函数的对应关系

2. 将 ClothesChanger"对象的换装功能与界面的左右按钮关联

在"Hierarchy"窗口用鼠标左键单击按钮对象"Left"使其处于被选中状态，再到"Inspector"窗口中找到"Button"组件用鼠标左键单击"On Click()"列表右下角的"+"号从而添加一个空表项，如图 6-45 所示。

从"Hierarchy"窗口将"ClothesChanger"对象用鼠标左键拖曳到"Inspector"窗口"Button"组件"On Click()"列表的新建空表项中，并用鼠标左键单击表项右侧显示为"No Function"的下拉菜单，在菜单中选择"ChangeClothes"组件类的"LastSuit()"函数，从而将该函数与"Left"按钮关联起来，如图 6-46 所示。

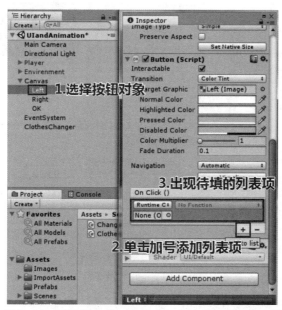

图 6-45 为按钮对象 "Left" 的 "On Click()" 列表添加表项

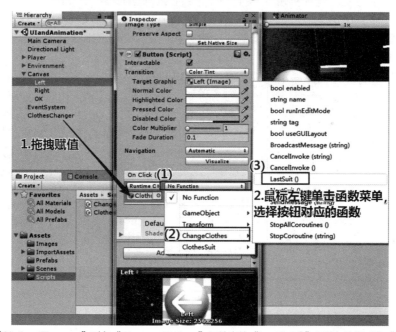

图 6-46 将 "ClothesChanger" 对象 "ChangeClothes" 组件类的 "LastSuit()" 函数与按钮对象 "Left" 关联

对按钮对象 "Right" 进行同样的操作，将 "ClothesChanger" 对象 "ChangeClothes" 组件类的 "NextSuit()" 函数添加到 "Right" 对象 "Button" 组件的 "On Click()" 列表中，如图 6-47 所示。

3. 设计 "OK" 按钮的功能

通过前面的分析可知，现阶段 "OK" 按钮的作用是退出换装交互界面，也就是说当玩家按下 "OK" 按钮后整个换装交互界面就消失了，这个功能可以通过将 "Canvas" 切换为 "非激活" 状态来实现。具体操作如下。

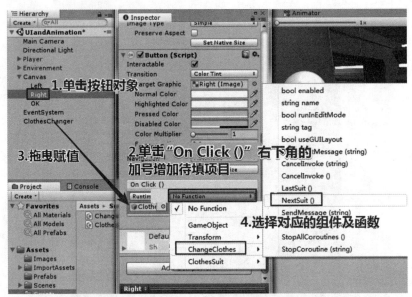

图6-47 将"ClothesChanger"对象"ChangeClothes"组件类的"NextSuit()"函数与按钮对象"Right"关联

　　在"Hierarchy"窗口用鼠标左键单击"OK"对象后到"Inspector"窗口找到"Button"组件的"On Click()"列表，单击列表下方的"+"号添加新列表项，再从"Hierarchy"窗口用鼠标左键将"Canvas"对象拖曳到"Inspector"窗口"Button"组件"On Click()"列表的新列表项中，然后用鼠标左键单击列表项右侧的下拉菜单，从菜单中选择"GameObject"组件类的"SetActive()"函数，如图6-48所示。

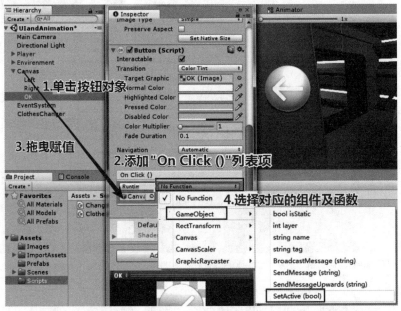

图6-48 为按钮对象"OK"添加"On Click()"列表项并选择对应的回调函数

　　由于"OK"按钮被玩家按下后，"Canvas"对象应变为"非激活"状态，因此"On Click()"表项中新添加的"SetActive()"函数接收的实参值应该设为"false"，即非勾选状态，如图 6-49所示。

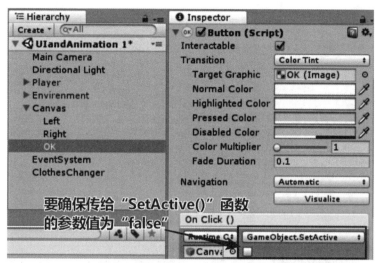

图 6-49　为按钮对象 "OK" 的 "On Click()" 列表项的回调函数设置实参

完成以上操作后，再次试运行游戏，即可在 "Game" 窗口中使用按钮进行换装操作了。

6.4　角色动作及角色控制的实现

人物角色的移动与普通物体移动的不同之处在于人物角色是人形的，其运动过程不仅仅包括整体的平移和旋转，还包括不同运动状态下身体不同部位的动作，比如站立、行走、跑、跳和潜行等都包含身体各部分丰富的运动细节。本节将探索如何实现在玩家操控游戏主角时主角的身体动作能和整体运动相结合。

6.4.1　带骨骼动画的人物角色模型

1. 带动画的 "FBX" 文件

根据本书第 1 章的介绍可知，虽然 Unity 可以导入原生的 Maya 文件和 3ds Max 文件等模型文件，但是将模型在上述软件中导出为 "FBX" 文件后再导入 Unity 引擎才是最好的选择。

模型设计师在 3ds Max 和 Maya 等建模软件中设计游戏角色时，除了设计角色的外观，还会设计该角色在不同情况下做出的不同动作，这些 "动作" 又称为 "角色动画"。为了在 Unity 中使用方便，在设计角色动画时一般会将每个具体动作单独分割成不同的动画片段，而不是把所有动作都做在同一个动画片段中。在导出模型文件时，一般选择将所有动画片段和角色模型一并导出到同一个 "FBX" 文件中，有时也会将某个动作的动画片段单独导出为 "FBX" 文件。

2. 查看主角的 "FBX" 文件

（1）快速查找主角的模型文件

为了快速找到本项目的游戏主角所对应的 "FBX" 文件，可以在 "Hierarchy" 窗口用鼠标左键单击 "Player" 对象，再到 "Inspector" 窗口找到 "Animator" 组件的 "Avatar" 属性，用鼠标左键单击 "Avatar" 属性的值会使 "Project" 窗口快速定位到游戏主角对应 "FBX" 文件的 "Avatar" 对象，该对象的父对象即为主角的 "FBX" 文件，如图 6-50 所示。

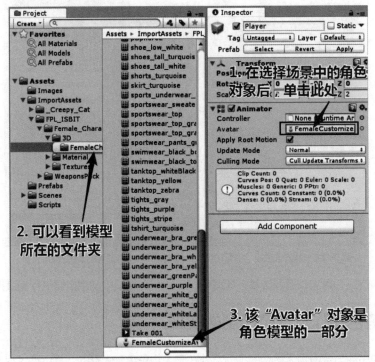

图 6-50　在 Unity 界面快速定位主角"Player"对象对应的"FBX"文件

（2）预制体与"FBX"文件的区别

在"Project"窗口用鼠标左键单击"Avatar"对象的父对象"FemaleCustomize"（即主角的模型文件），可以在"Inspector"窗口看到模型的具体信息。在这里请读者注意区分模型文件和预制体文件之间的差别："FemaleCustomize.fbx"是模型文件，从"Inspector"窗口下方的预览区域可以看到模型的所有服装都处于激活状态；而项目文件路径"Assets\Prefabs\"下的"Player.prefab"文件是"预制体"文件，该"预制体"基于模型文件"FemaleCustomize.fbx"进行了设置，只保留一套服装处于激活状态。两者在"Inspector"窗口中显示内容的对比如图6-51 所示，模型文件的信息通过"Model""Rig"和"Animation"三个选项卡来显示，其中的属性决定了 Unity 以什么样的方式来解析这个模型；而预制体文件所显示的信息则跟场景中对象的信息并无二致，均由各种不同组件构成，其中的属性决定了基于该预制体创建的游戏对象的具体状态。

（3）观察人物角色模型自带的动画片段

为了观察模型自带的骨骼动画，在"Project"窗口用鼠标左键单击模型文件"FemaleCustomize.fbx"使之处于被选中状态，然后到"Inspector"窗口用鼠标左键单击"Animations"按钮使显示内容切换到"Animations"选项卡，下拉窗口右侧的滚动条，可以看到动画片段列表"Clips"。用鼠标左键单击列表中的动画片段后再单击窗口下方预览区域的"播放"键就可以预览该动画片段的效果，如图 6-52 所示。任何一个"FBX"文件均可以通过这种方法查看其自带的动画片段。

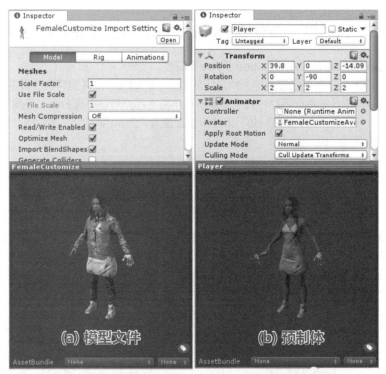

图6-51　模型文件和预制体文件在"Inspector"窗口中显示的内容

图6-52　查看人物角色模型自带的动画片段

6.4.2 导入第三人称角色控制资源并应用到游戏主角对象上

1. 设置主角模型文件的"Animation Type"属性

通过观察可以发现本项目所使用的人物角色模型自带的动画片段并没有包含所需的走、跑、跳、转身等动作，那么要想让主角在运动过程中能够做出丰富的动作应该怎么办呢？答案是：可以在 Unity 中将角色模型文件的"Animation Type"属性的值设置为"Humanoid"，然后将其他"Humanoid"角色模型的动画应用到主角对象上。

（1）找出主角对象的模型文件"FemaleCustomize.fbx"

本项目主角对象"Player"的预制体所对应的"FBX"文件为"FemaleCustomize.fbx"，将其"Animation Type"属性值设置为"Humanoid"的具体操作过程为：在"Hierarchy"窗口用鼠标左键单击"Player"对象，再到"Inspector"窗口找到"Animator"组件的"Avatar"属性，用鼠标左键单击"Avatar"属性的值使"Project"窗口快速定位到游戏主角对应"FBX"文件的"Avatar"对象上，该"Avatar"对象的父对象即为主角的模型文件"FemaleCustomize.fbx"，如图6-53所示。

图6-53 查找"Player"对象对应的模型文件

（2）将"FemaleCustomize.fbx"的"动画类型"属性设置为"人形动画"

在"Project"窗口用鼠标左键单击模型文件"FemaleCustomize.fbx"后在"Inspector"窗口用鼠标单击"Rig"按钮使窗口显示内容切换到"Rig"选项卡，找到"Animation Type（动画类型）"属性并用鼠标左键单击属性值，在下拉菜单中找到并选择"Humanoid（人形动画）"选项，如图6-54所示。

2. 下载并安装 Unity 标准资源包

（1）查看是否已经安装了 Unity 标准资源

在"Project"窗口的"Assets\"文件路径的空白处单击鼠标右键，如果在弹出菜单中的"Import Package"选项只有子选项"Custom Package..."，说明在安装 Unity 时没有安装标准资源，如图6-55 所示，需要到 Unity 官网下载标准资源安装文件并安装后再进行下一步骤，注意要下载与当前所用 Unity 版本相匹配的安装文件。

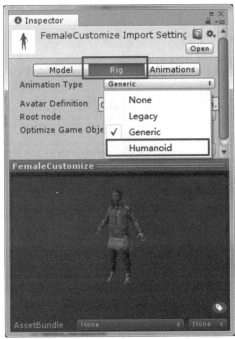

图 6-54　设置模型的"AnimationType"属性

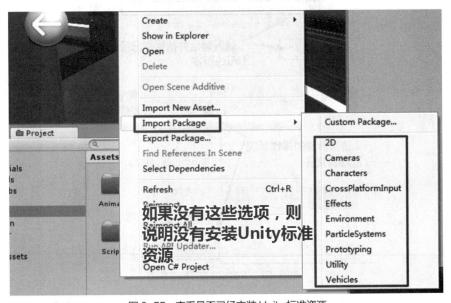

图 6-55　查看是否已经安装 Unity 标准资源

（2）查看 Unity 的版本

查看当前所用 Unity 版本的方法为：用鼠标左键单击 Unity 功能菜单的"Help"项并在下拉菜单中选择"About Unity..."从而弹出"About Unity"窗口，在该窗口中可以看到当前所用 Unity 的具体版本号。其中字母"f"及其后面的数字可以忽略，比如窗口中显示的版本号为"Version 2017.1.0f3"则可以确定该 Unity 的版本为"2017.1.0"，如图 6-56 所示。

图 6-56　查看当前所使用的 Unity 的版本号

标准资源包可到 Unity 官网下载。以 Unity 版本"2017.4.15"为例，下载标准资源安装文件的方法如图 6-57 所示。

图 6-57　下载标准资源包的方法

下载完成后要退出 Unity，接着用鼠标左键双击所下载的安装文件并根据提示信息操作直到顺利完成安装。重新运行 Unity 即可导入 Unity 标准资源中的角色（Characters）资源包。

3. 导入 Unity 标准资源中的角色（Characters）资源包

在"Project"窗口的"Assets\"文件路径的空白处单击鼠标右键，在弹出菜单中选择"Import Package->Characters"，再在弹出的"Import Unity Package"窗口中选择需要导入的资源"ThirdPersonCharacter"及其关联文件"CrossPlatformInput""Editor""PhysicsMaterials"以及"Utility"后用鼠标左键单击右下角的"Import"按钮即可，如图 6-58 和图 6-59 所示。

图 6-58　导入 Unity 标准资源中的角色资源包

图 6-59　选择必要的资源并确定导入

资源导入完成后，"Project"窗口的"Assets"文件夹中会多出一个"Standard Assets"文件夹。文件路径"Standard Assets\Characters\ThirdPersonCharacter\Models\"中可以找到模型文件"Ethan.fbx"，用鼠标左键单击该模型文件再到"Inspector"窗口中用鼠标左键单击"Rig"按钮切换到"Rig"选项卡，可以看到该模型文件的"Animation Type"属性值为"Humanoid"，这意味着该模型已经被设置为"Humanoid"即"人物角色"模型，其动画片段可以应用到场景中的主角——"Player"对象上，如图 6-60 所示。

4. 将标准资源中的第三人称角色控制器应用到主角对象上

在导入的标准资源中，第三人称角色模型文件"Ethan.fbx"有一个对应的预制体"ThirdPersonController"，该预制体已包含第三人称角色控制所需的组件，如动画器组件、音源组件及其对应的控制脚本组件等，其控制脚本可直接应用到本项目的主角对象"Player"上。

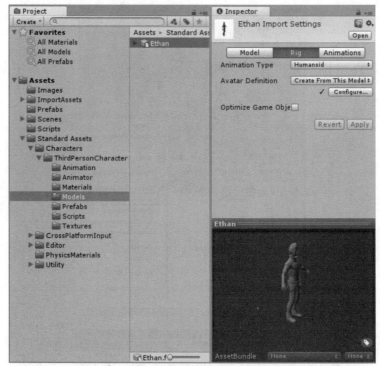

图6-60　查看标准资源包中的第三人称角色模型文件

（1）查看预制体"ThirdPersonController"的组件

在"Project"窗口的文件路径"Assets\Standard Assets\Characters\ThirdPersonCharacter\Prefabs\"下用鼠标左键单击预制体"ThirdPersonController"后到"Inspector"窗口查看其组件可发现：除了每个游戏对象都具备的"Transform"组件之外，该预制体还包含"Animator（动画器）""Rigidbody（刚体）""Capsule Collider（胶囊形碰撞体）""Third Person User Control（第三人称玩家控制脚本）""Third Person Character（第三人称角色脚本）"五个组件，如图6-61所示。在Unity中可以用"复制组件-粘贴新组件"的方法将"Rigidbody""Capsule Collider""Third Person User Control""Third Person Character"四个组件复制并粘贴到"Player"对象上。

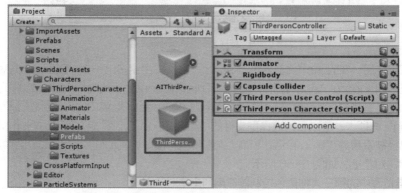

图6-61　预制体"ThirdPersonController"的组件

（2）将"ThirdPersonController"的组件复制到"Player"对象上

以复制粘贴"Third Person User Control"组件为例，具体操作方法为：在"Project"窗口的文件路径"Assets\Standard Assets\Characters\ThirdPersonCharacter\Prefabs\"下用鼠标左

键单击预制体"ThirdPersonController",再到"Inspector"窗口找到"Third Person User Control"
组件,用鼠标左键单击该组件右侧的齿轮图标,在下拉菜单中选择"Copy Component(复制组件)"
选项,如图 6-62 所示。

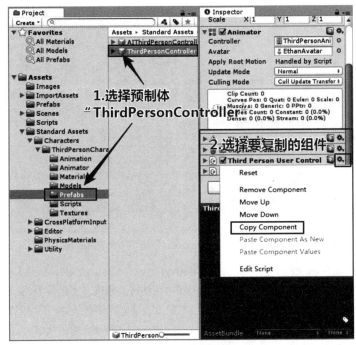

图 6-62　选择要复制的组件

到"Hierarchy"窗口用鼠标左键单击"Player"对象再回到"Inspector"窗口找到最后一个组
件并用鼠标左键单击其右侧齿轮图案,在下拉菜单中选择"Paste Component As New(粘贴新组
件)"选项从而将"Third Person User Control"组件从预制体"ThirdPersonController"复制到
场景中的"Player"对象上,如图 6-63 所示。由于"Third Person User Control"组件依赖另外
三个组件,因此上述四个组件将会全部自动复制到对象"Player"中。

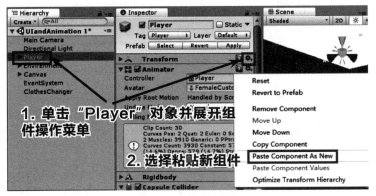

图 6-63　粘贴新组件

5. 设置主角对象"Player"的"Third Person Character(第三人称角色脚本)"组件的属性值

对比预制体"ThirdPersonController"和"Player"对象的"Third Person Character(第三

人称角色脚本）"组件会发现各属性的取值并不一致，如图6-64所示，这是因为该组件是通过依赖关系被加载到"Player"对象中的，而不是直接从预制体"ThirdPersonController"复制到"Player"对象上，因此各属性的取值为默认值而非预制体"ThirdPersonController"中的取值。

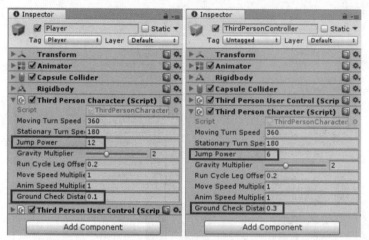

图6-64　"Player"对象和预制体"ThirdPersonController"的"Third Person Character"组件属性值有区别

　　由于预制体"ThirdPersonController"的"Third Person Character（第三人称角色脚本）"组件中的各参数值针对模型动画优化调整过，在运行过程中有更好的表现，因此需要将该组件各属性的值从"ThirdPersonController"复制粘贴到"Player"对象上。具体操作方法为：在"Project"窗口的文件路径"Assets\Standard Assets\Characters\ThirdPersonCharacter\Prefabs\"下用鼠标左键单击预制体"ThirdPersonController"再到"Inspector"窗口找到"Third Person Character"组件，用鼠标左键单击该组件右侧的齿轮图案，在下拉菜单中选择"Copy Component"选项，如图6-65所示。

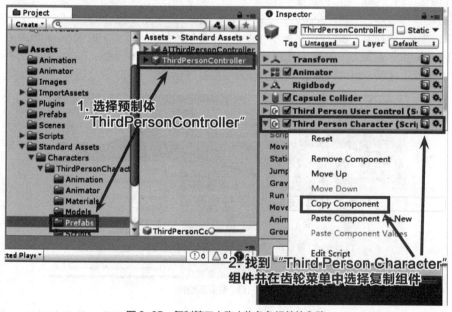

图6-65　复制第三人称人物角色组件的参数

　　到"Hierarchy"窗口用鼠标单击"Player"对象再回到"Inspector"窗口找到"Third Person Character"组件，用鼠标左键单击该组件右侧的齿轮图案，在下拉菜单中选择"Paste Component

Values（粘贴组件参数值）"选项，从而将各属性的值复制到"Player"对象上，如图 6-66 所示。

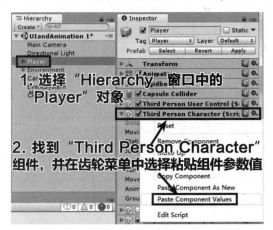

图 6-66　粘贴第三人称人物角色组件的参数

6. 调整主角对象"Player"的"Capsule Collider（胶囊形碰撞体）"组件的形状

到"Scene"窗口观察"Player"对象，会发现"Capsule Collider（胶囊形碰撞体）"的绿色边框并没有正确地包裹游戏主角对象，因此需要调整"Capsule Collider（胶囊形碰撞体）"组件的形状。用鼠标左键单击"Scene"窗口右上角"视角切换工具"的 Z 轴将观察视角切换到世界坐标系下的"Front（前视图）"，再单击工具下方文字"Front"前的"投影"图案，将投影模式切换到"正射投影"模式。之后在"Inspector"窗口单击"Capsule Collider"组件的"Edit Collider（编辑碰撞器）"按钮，使"Scene"窗口中的绿色边框处于可编辑状态，然后在"Scene"窗口中用鼠标左键拖曳绿色边框上的调整点（绿色小方块）调整其高度和粗细度，使碰撞器在纵向和横向上很好地包裹主角对象，注意要确保碰撞体的最低点与角色的脚底平齐。在调整期间，需要用鼠标左键单击"视角切换工具"的 X 轴将视角切换到"Right（右视图）"，在另外一个观察角度调整碰撞体的粗细度，以确保碰撞器在前后左右四个方向上都能很好地包裹主角对象。具体过程如图 6-67 所示。

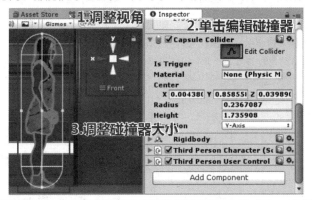

图 6-67　切换"Scene"窗口中的视角和投影模式并调整主角对象"Player"的碰撞器组件

7. 将标准资源中的"第三人称动画控制器"应用到"Player"对象上

在"Hierarchy"窗口用鼠标左键单击"Player"对象，再到"Inspector"窗口找到"Animator"组件，用鼠标左键单击"Controller"属性右侧的小圆点，在弹出窗口中选择"ThirdPerson-AnimatorController（第三人称动画控制器）"从而将该动画控制器应用到主角对象"Player"上，如图 6-68 所示。该动画控制器是所载入标准角色资源的其中一个文件，它所在的具体文件路径为"Assets\Standard Assets\Characters\ThirdPersonCharacter\Animator\"。

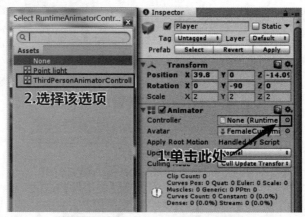

图6-68　将标准资源中的"第三人称动画控制器"应用到"Player"对象上

8. 试运行游戏验证角色动画及其玩家控制功能

至此，标准资源中的第三人称控制器所包含的动画及其玩家控制功能已经成功应用到本项目游戏主角身上，运行游戏，玩家可以在"Game"窗口中用键盘"W""A""S""D""空格"等按键来控制角色做出走、跑、转身和跳跃等动作。

6.4.3　更新换装交互界面的设置

1. 项目现阶段的问题

现在回顾本项目应该实现的功能：运行游戏后，玩家通过换装交互界面为主角选择套装，选好后单击交互界面上的"OK"按钮进行确认，然后即可开始通过键盘操控主角做出各种动作。而反观项目现在的状况可以发现一个问题：在主角换装状态下，即"OK"按钮被按下之前，按理说主角应该处于不能被操控的状态，但现在游戏一运行主角就已经可以被玩家操控了，这显然不符合预期的要求，需要进行调整。根据 6.4.2 节所述可知，主角对象"Player"之所以能够被玩家操控，主要是"Third Person User Control"组件的作用，如果在"OK"按钮被按下之前该组件处于"非激活状态"，而在"OK"按钮被按下时切换为"已激活状态"，则上述问题就可以迎刃而解了。

2. Unity 编辑器中组件的"enabled"属性及其图形化表示方式

在解决上述问题之前，需要先了解 Unity 编辑器中组件的"enabled"属性及其图形化表示方式。在 Unity 中，游戏对象的每个组件都包含一个名为"enabled"的 bool（布尔）型属性，当该属性的值为"True"时组件处于"已激活状态"即功能一切正常，而当该属性的值为"False"时则组件处于"非激活状态"即处于不工作状态。以"Player"对象为例，在"Hierarchy"窗口单击"Player"对象再到"Inspector"窗口查看，可以发现"Animator""Capsule Collider""Third Person User Control"和"Third Person Character"四个组件前面都有一个多选框，默认情况下多选框中有一个小勾即表示组件处于"已激活状态"。如果用鼠标左键单击多选框使小勾消失，则组件切换到"非激活状态"。"Inspector"窗口中的这些多选框就是组件的"enabled"属性在 Unity 编辑器中的图形化表示方式，如图 6-69 所示。

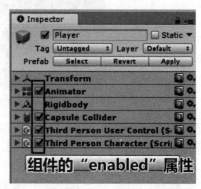

图6-69　组件的"enable"属性的图形化表示方式

3. 利用"OK"按钮的"On Click()"列表控制主角"Third Person User Control"组件的"enabled"属性

综合前面的分析，接下来需要做的工作是：先将"Player"对象的"Third Person User Control"组件设置为"非激活状态"，然后在"OK"按钮的"On Click()"列表中增加一条新表项，在新增表项中设置"Player"对象"Third Person User Control"组件的"enabled"属性值为"True"。具体过程如下。

在"Hierarchy"窗口用鼠标左键单击"Player"对象，再到"Inspector"窗口找到"Third Person User Control"组件，用鼠标左键单击该组件左侧的多选框使其中的小勾消失，即令该组件切换到"非激活状态"，如图 6-70 所示。

回到"Hierarchy"窗口用鼠标单击"Canvas"对象的子对象"OK"按钮后到"Inspector"窗口找到"Button"组件的"On Click()"列表，用鼠标单击列表右下方的"+"号从而增添一个表项，然后将"Player"对象从"Hierarchy"窗口用鼠标左键拖曳到新增的表项中进行赋值，在新表项右侧的下拉菜单中选择"ThirdPersonUserControl->bool enabled"，并将表项中的多选框设置为勾选状态即取值为"True"，如图 6-71 所示。经过这番操作后，玩家必须选择套装后单击"OK"按钮才可以开始控制游戏角色。

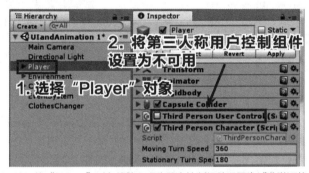

图 6-70 将"Player"对象的第三人称玩家控制组件设置为"非激活状态"

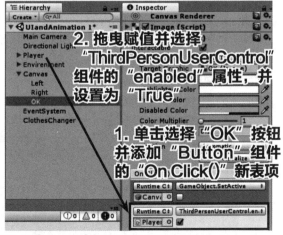

图 6-71 利用"OK"按钮的"On Click()"列表控制主角"Third Person User Control"组件的"enabled"属性

6.4.4 控制角色动作变化的原理

人物角色对象在不同状态下做出的不同动作本质上是在建模软件中设计的"动画片段"。在 Unity

中可以利用动画器机制（Animator）来实现不同状态下播放不同动画片段，从而实现多个角色动画根据需要相互切换的功能。在"Hierarchy"窗口用鼠标左键单击"Player"对象后到"Inspector"窗口可以找到"Animator"组件，在6.4.2节中我们曾经通过用鼠标左键单击"Animator"组件"Avatar"属性的值定位到"Player"对象对应的模型文件，现在通过单击"Animator"组件"Controller"属性的值可以定位到从标准资源包导入的动画控制器文件"ThirdPersonAnimatorController.controller"，如图6-72所示。

Unity 中的
角色动画及其
控制方法

图6-72　查找"Player"对象所用的动画控制器文件

　　在"Project"窗口中用鼠标左键双击动画控制器文件"ThirdPersonAnimatorController.controller"打开 Unity 的"Animator"窗口，该窗口右半边显示的就是当前所用动画控制器的"状态转换图"，用鼠标左键单击窗口左半边上方的"Parameters"可以将显示内容切换为当前"状态转换图"所用到的参数列表，如图 6-73 所示。在状态转换图中，圆角框表示"状态"，而圆角框之间带箭头的连线则表示"状态之间的切换"。在游戏运行时，到"Hierarchy"窗口用鼠标左键单击"Player"对象后到"Animator"窗口观察，可以看到当主角站立时，图 6-73 中的"Grounded"状态会出现一个动态的进度条，这表示"Grounded"状态正处于激活状态并且在播放"Grounded"状态对应的动画片段，如果用鼠标左键单击"Game"窗口后按键盘的"空格"键控制主角跳起，则图 6-73 中被激活的状态会从"Grounded"切换到"Airborne"，直到主角重新回到地面，图 6-73 中被激活的状态又会从"Airborne"切换回"Grounded"。

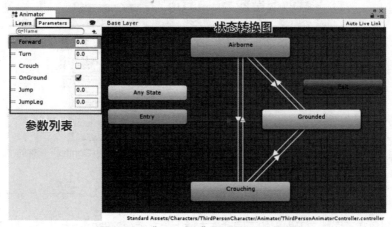

图6-73　"Animator"窗口中显示的内容

　　如果在"Animator"窗口中用鼠标左键单击从"Grounded"状态指向"Airborne"状态的连线，则可以在"Inspector"窗口中看到该连线的属性，其中有一个"Conditions"列表，该列表包含了一个参数"OnGround"取值为"false"，该参数可以在"Animator"窗口左半边的"Parameters"选项卡中找到，如图 6-74 所示。根据观察可知，当主角起跳离开地面后，状态转换图中被激活的状态才由"Grounded"切换到"Airborne"，参数"OnGround"的值显然表示的是角色是否在地面上，由此可以断定，"Conditions"列表列出的是状态之间转换的条件，而条件是否达成则由列表中所引用参数的值来决定。

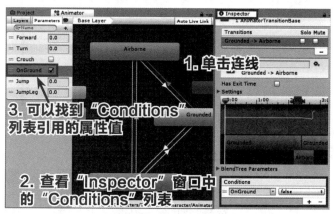

图6-74　查看动画控制器状态转换图有向边的属性

　　通过以上观察和分析可以初步理解动画控制器文件 "ThirdPersonAnimatorController.controller"在角色动作转换过程中的作用：该文件中的状态转换图中的每个状态对应角色的不同动作（也就是不同的动画片段），两个状态之间能否相互切换取决于两个状态之间是否有连线以及连线中引用的参数的值。反过来说，开发者在设计好状态转换图后，可以通过改变参数的值来决定播放角色的哪一个动画片段。

　　那么动画控制器文件中的参数值又是怎么改变的呢？回忆一下，在 6.4.2 节中为了将标准资源包中的动画片段应用到"Player"对象上，曾经将四个组件复制到了"Player"对象上，其中必然有跟动画控制器有关联的组件。在"Hierarchy"窗口中用鼠标左键单击"Player"对象后在"Inspector"窗口中观察这些组件的属性，可以发现"Third Person Character"组件中有"Moving Turn Speed（移动中的转身速率）""Jump Power（跳跃力量）"等与运动细节相关的参数，如图 6-75 所示，如果将该组件设置为"非激活状态"，则在运行游戏后会发现：即使把另一个脚本组件"Third Person User Control"的状态恢复为"已激活状态"，也无法在"Game"窗口中通过键盘操作切换游戏角色的运动状态。由此可以推断脚本组件"Third Person Character"是令动画控制器"ThirdPerson-AnimatorController.controller"中的参数值发生变化的原因。

　　动画控制器文件"ThirdPersonAnimatorController.controller"是通过"Animator"组件应用到"Player"对象上的，也就是说，通过给"Player"对象"Animator"组件的"Controller"属性赋值，将动画控制器文件"ThirdPersonAnimatorController.controller"作为"Player"对象"Animator"组件动画控制的蓝图，而动画状态转换所需的参数值则由脚本组件"Third Person Character"来决定。由此可以得出结论——如果开发者希望给游戏角色添加新的动作，则可以在"Animator"窗口编辑动画控制器文件"ThirdPersonAnimatorController.controller"添加新的状态、参数以及连线，然后参照"Third Person Character"脚本编写新的脚本并应用到"Player"对象上，从而使主角获得新的动作。

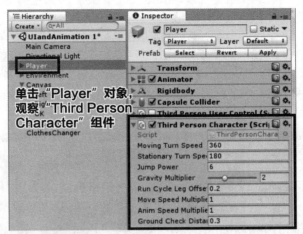

图6-75　查看第三人称角色脚本组件"Third Person Character"的属性

6.5 游戏角色战斗功能的实现

在本节中，将介绍如何实现游戏主角的战斗功能，其中包括：瞄准与开枪动作的控制，激光束的制作和控制，击中效果的制作和控制。将要实现的交互功能为：在换装之后，当主角处于站立状态时，如果玩家按下鼠标右键，则主角举枪瞄准鼠标所指位置，如果放开鼠标右键，则主角恢复站立状态；当主角举枪瞄准时，如果玩家按下鼠标左键则主角做出开枪的动作，如果玩家按住鼠标左键不放开则可连续开枪。开枪时，从枪口会出现一道激光射向鼠标所指位置，并在击中目标时出现击中特效。

6.5.1 添加摄像机跟随脚本并更新UI设置

首先要给摄像机添加跟随主角移动的功能，以保证完成换装之后，玩家的视角始终能够保持在主角的后上方并跟随主角移动。

1. 实现摄像机跟随功能的方法分析

实现摄像机跟随功能最简单的方法是：在设置好跟随视角后，直接把摄像机设置为主角对象的子对象。但这个方法面临两个问题：一是换装视角和跟随视角不一样，前者要看到主角的正面，后者则在角色的后上方看到的是主角的背面，直接将摄像机设置为主角对象的子对象无法兼顾两个视角；二是即使放弃能看到主角正面的换装视角只保留跟随视角，也只能够得到很生硬的跟随效果，玩家和主角之间永远只有固定的相对位置，使玩家的代入感较差。

在本节中将介绍一种方法，使用一个跟随目标对象及跟随脚本组件来实现更好的跟随效果，既能够实现换装视角到跟随视角的平滑切换，又可以在主角移动的过程中让跟随视角与主角有适当的滞后从而增强玩家的代入感。

2. 创建并设置"跟踪目标"对象

这里所说的"跟踪目标"不是游戏主角，而是在跟随视角下摄像机应该最终达到的位置和姿态。在Unity中，可以用一个空对象来充当"跟踪目标"，并且这个空对象要设置为主角对象的子对象。具体过程方法如下。

（1）创建空对象并更名为"CameraTarget"

在"Hierarchy"窗口用鼠标右键单击"Player"对象，在弹出菜单中选择"Creat Empty（创建空对象）"选项，如图6-76所示，创建出"Player"对象的一个空子对象，该对象默认的名字为"GameObject"，并且其位置、姿态、大小比例均与其父对象"Player"一致，但空对象只包含"Transform"组件，因此在"Game"窗口中是无法看到它的，也就意味着在游戏运行时该对象是不可见的。

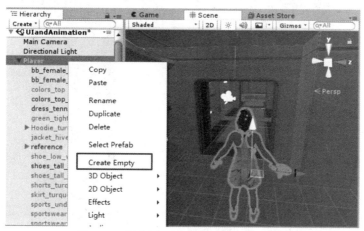

图 6-76　创建主角对象"Player"的空子对象

将空对象更名为"CameraTarget"，具体操作方法为：在"Hierarchy"窗口用鼠标右键单击"GameObject"对象，在弹出菜单中选择"Rename"，如图 6-77 所示，然后用键盘输入新名称"CameraTarget"后按回车键完成更名。

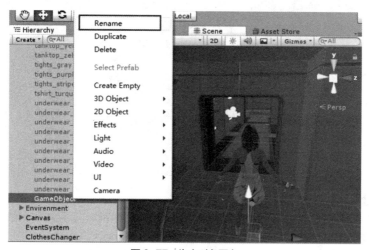

图 6-77　为空对象更名

（2）设置"CameraTarget"对象的方位

在"Scene"窗口中按住鼠标右键不放，利用键盘上的"W（前平移）""A（左平移）""S（后平移）""D（右平移）""Q（升高）""E（降低）"六个键调整观察位置，移动鼠标调整观察角度，从而将"Scene"窗口中的观察视角调整到主角后上方的跟随视角。然后到"Hierarchy"窗口用鼠标左键单击"CameraTarget"对象，再到 Unity 功能菜单栏中用鼠标左键单击菜单项"GameObject"并选择"Align With View（与当前观察视角对齐）"选项，或者按键盘组合键"Ctrl+Shift+F"，使"CameraTarget"对象的位置和姿态与"Scene"窗口的观察视角一致，如图 6-78 所示。

为避免角色前进时让玩家感觉到有角度偏差，要保证跟随视角的前向与角色的前向完全一致，因此还需要修正"CameraTarget"对象"Transform"组件的"Rotation"参数，具体方法为：在"Hierarchy"窗口用鼠标左键单击"CameraTarget"对象后到"Inspector"窗口将"Transform"组件中"Rotation"属性的"Y"分量值设置为 0，如图 6-79 所示。

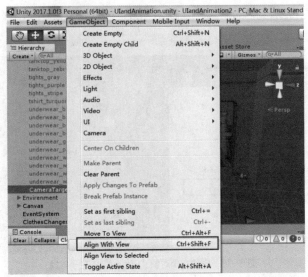

图6-78 将"CameraTarget"对象的方位设置为与"Scene"窗口的观察视角一致

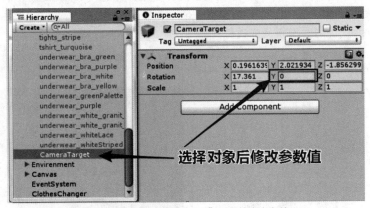

图6-79 调整"CameraTarget"对象的姿态参数

3. 设计摄像机跟随脚本并应用

摄像机的跟踪目标"CameraTarget"对象已经创建并设置完毕，接下来可以给摄像机对象"Main Camera"设计跟随脚本。到"Project"窗口的文件路径"Assets\Scripts\"下的空白处单击鼠标右键，在弹出菜单中选择"Create->C# Script"选项创建出新 C#脚本并命名为"CameraFollow"，然后用鼠标左键将该脚本拖曳到"Hierarchy"窗口中的"Main Camera"对象上使之成为"Main Camera"的组件。再回到"Project"窗口用鼠标左键双击脚本文件"CameraFollow.cs"使之在 MonoDevelop 中打开进入编辑状态，编写"CameraFollow"类的代码如图 6-80 所示。

```
public class CameraFollow : MonoBehaviour {

    //被跟踪对象的Transform 组件
    [SerializeField] Transform followTarget;
    //位置跟踪的灵敏系数,范围0 到1
    [SerializeField] float positonT;
    //姿态跟踪的灵敏系数,范围0 到1
    [SerializeField] float rotationT;
```

图 6-80 摄像机跟踪脚本中"CameraFollow"类的代码

```
void Update () {
    //更新当前脚本所在对象（摄像机）的位置和姿态
    transform.SetPositionAndRotation (
        Vector3.Lerp (transform.position,
            followTarget.position,positonT),
        Quaternion.Lerp (transform.rotation,
            followTarget.rotation, rotationT));
    }
}
```

图 6-80　摄像机跟踪脚本中"CameraFollow"类的代码（续）

在该脚本中用到了"transform"对象的"SetPositionAndRotation()"函数来更新脚本所在对象（也就是主摄像机"MainCamera"）的位置和姿态，而新位置和姿态分别由"Vector3.Lerp()"函数和"Quaternion.Lerp()"函数根据摄像机位置姿态以及跟踪目标的位置姿态来计算。成员变量中的两个跟踪灵敏系数决定了跟踪的灵敏效果，取 0 为完全不跟踪，取 1 则毫无滞后。回到 Unity 界面，在"Hierarchy"窗口单击选择主摄像机对象"Main Camera"，再到"Inspector"窗口中给脚本组件"Camera Follow"设置参数值，用拖曳赋值的方式将"Hierarchy"窗口中"Player"的子对象"CameraTarget"赋值给"Follow Target"属性，然后设置位置跟踪灵敏度"positio T"为 0.1，设置姿势跟踪灵敏度"rotation T"为 0.08，如图 6-81 所示。

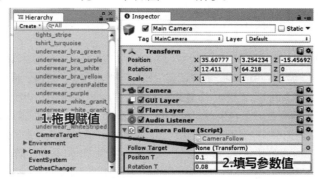

图 6-81　设置主摄像机对象"CameraFollow"组件的属性值

4. 更新 UI 设置

至此摄像机跟踪功能已经实现，但是这个功能应该在完成换装后才开始起作用，也就是说，应该将主摄像机的"Camera Follow"组件设置为"非激活状态"，然后在"OK"按钮"Button"组件的"On Click()"列表中添加新表项，并将主摄像机的"Camera Follow"组件的"enabled"属性填入新表项中，取值为"True"，如图 6-82 和图 6-83 所示。

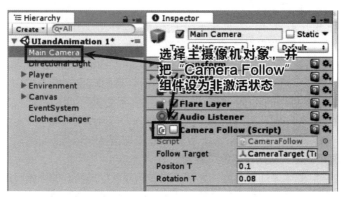

图 6-82　将主摄像机"Main Camera"的"Camera Follow"组件设置为"非激活状态"

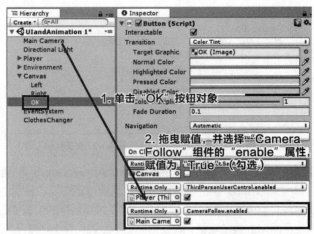

图6-83　在"OK"按钮的"On Click()"列表中添加将主摄像机"Main Camera"的
"Camera Follow"组件激活的功能

这样，摄像机跟踪功能就完全实现了，此时如果运行游戏，玩家可以先在换装视角下挑选角色的服装，直到单击"OK"按钮，游戏视角才会切换到跟随主角的状态。

6.5.2　添加瞄准与开枪的人形动画

1. 实现方法分析

在6.4节的工作中，游戏主角已经能够在玩家的操控下做出行走、转身、跑和跳等动作，这是在动画器组件"Animator"的协调下，脚本组件与动画控制器"Animator Controller"共同作用的结果。其中，作为动作状态变化蓝图的动画控制器"Animator Controller"包含动画状态转换图以及状态转换所需的条件参数，而脚本组件中的代码在游戏运行过程中根据玩家的输入、主角的状态等具体情况将参数值传递给主角对象的动画器组件"Animator"，从而控制主角做出不同的动作。

基于上述原理，为了使主角能够做出"举枪瞄准"和"开枪"的动作，必须在原动画控制器"Animator Controller"的基础上添加新的动画状态（对应新的动画片段）、状态转换连线及转换条件参数，并设计相关的脚本程序将玩家的鼠标操作与转换条件参数值关联起来。

由于项目中的主角是人形角色，因此可以充分利用 Unity "Humaniod" 骨骼动画的可移植性，将原本为其他人形角色设计的"瞄准""开枪"骨骼动画加载到本项目中并应用在主角身上。

人物角色动画
的复用及混合

2. 加载新动画片段文件并设置

在"Project"窗口的"Assets"文件夹下单击鼠标右键并在弹出菜单中选择"Create->Folder"选项创建出一个文件夹，用键盘输入文件夹名称"Animation"并按回车键，从而创建出名为"Animation"的新文件夹。从本章素材中找到动画文件"Shoot.anim"，将其复制到刚创建的"Animation"文件夹中，完成新动画片段的加载。由于"举枪瞄准"和"开枪"共用一个动画文件"Shoot.anim"，因此该文件中的动画不应自动循环播放，需要进行如下设置：在"Project"窗口的文件路径"Assets\Animation\"下用鼠标单击文件"Shoot.anim"，再到"Inspector"窗口找到属性"Loop Time"将其值设置为"false"（即取消勾选），如图6-84所示。

3. 复制新的动画控制器并应用在主角对象上

接下来要在动画控制器中添加新内容，为了不改变已载入标准资源的原始状态，需要将原先使用的动画控制器文件复制一份并应用到主角对象的"Animator"组件中，再进行修改。

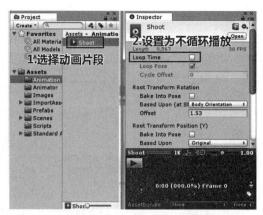

图 6-84　加载新动画片段文件并设置为不循环播放

在"Hierarchy"窗口中用鼠标左键单击"Player"对象，再到"Inspector"窗口查看"Animator"组件，用鼠标左键单击其中的"Controller"属性的值"ThirdPersonAnimatorController"，从而在"Project"窗口快速定位到该动画控制器文件"ThirdPersonAnimatorController"在项目中的位置，如图 6-85 所示。

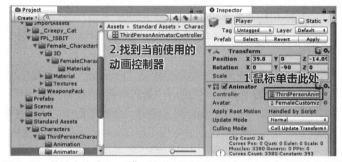

图 6-85　快速定位"Player"对象当前所用动画控制器文件在项目中的位置

在"Project"窗口中用鼠标左键单击动画控制器"ThirdPersonAnimatorController"使之处于被选择状态，按键盘组合键"Ctrl+D"复制出"ThirdPersonAnimatorController"的一个副本。用鼠标左键单击该副本后再单击其名称进入编辑状态，用键盘输入新名称"Player"后按回车键将动画控制器副本更名为"Player"。在"Assets"文件夹的空白处单击鼠标右键并在弹出菜单中选择"Create->Folder"选项创建出一个新文件夹，用键盘输入文件夹名称"Animator"并按回车键创建出名为"Animator"的新文件夹，并将新动画控制器文件"Player"由原来的位置拖曳到新文件夹中，如图 6-86 所示。

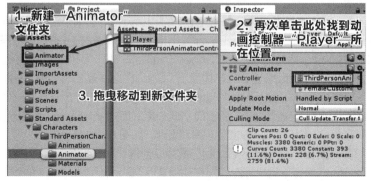

图 6-86　以复制的方式创建"Player"对象专用的动画控制器"Player"

在"Hierarchy"窗口用鼠标左键单击"Player"对象使之处于被选中状态，再到"Project"窗口将动画控制器文件"Player"用鼠标左键拖曳到"Inspector"窗口"Animator"组件的"Controller"属性上进行赋值，替换原先的"ThirdPersonAnimatorController"，如图 6-87 所示。

图 6-87　将动画控制器"Player"应用在"Player"对象上

4. 修改新动画控制器"Player"

双击"Project"窗口中的动画控制器"Player"从而使之在"Animator"窗口中打开进入可编辑状态，其中的内容跟动画控制器"ThirdPersonAnimatorController"是一致的，接下来需要把新的动画片段"Shoot"应用到控制器"Player"中。

（1）新动画片段的应用方法分析

新动画片段"Shoot"的最简单应用方法是：直接从"Project"窗口把动画文件"Shoot"拖曳到"Animator"窗口的状态转换图中，从而生成一个新的同名的状态"Shoot"。但这样做面临一个问题：该动画文件中的"举枪瞄准"动作的腿部是固定的，而本项目中的主角在举枪瞄准时还能够转向不同的方向，在转向时如果腿部完全固定则显得很不自然，因此直接将"Shoot"作为一个独立的状态，显然无法让主角在举枪瞄准时还能同时做出转身的腿部动作。

而动画控制器中原本包含的各个状态中就包含了原地转身的动作，能否让主角上半身做出举枪瞄准动作的同时下半身做出原地转身的动作呢？也就是说，能否让主角既处于原地转身的状态又处于举枪瞄准的状态呢？答案是肯定的，在 Unity 中可以利用动画控制器的"layer（层）"把不同的状态转换图叠加在一起从而实现多状态并存，同时还可利用"Avatar Mask（动画遮罩）"来限定某一层的动作只作用于人形角色身体的某一部分。据此分析，"举枪瞄准"同时"原地转身"的主角动作实现方法可确定为：创建一个新的动画层用于控制举枪状态和非举枪状态的切换，并为这一层设计动画遮罩将举枪的上半身动作筛选出来。

（2）创建新的动画层并绘制状态转换图

在"Animator"窗口中，用鼠标左键单击左上角的"Layers"选项卡使窗口左半边显示动画层列表。默认状态下列表中只有基础层"Base Layer"，用鼠标左键单击右上角的"+"号添加新动画层，用鼠标左键单击新创建的动画层并输入名称"Shoot"后按回车键。再用鼠标左键单击动画层列表中新添加的"Shoot"层使"Animator"窗口右半边显示"Shoot"层的状态转换图，在状态转换图区域按住鼠标中键（滚轮）不放然后移动鼠标从而移动观察范围，可以发现三个默认状态："Entry"为状态图入口（即起点），与之对应的"Exit"为状态图出口（即终点），而"Any State"则表示图中的任意状态。可以使用鼠标左键拖曳状态进行移动，以方便观察和设计，如图 6-88 所示。

下面把动画片段"Shoot"添加到"Shoot"层中以创建"举枪瞄准"状态。在"Project"窗口的"Assets\Animation\"路径下用鼠标左键拖曳动画文件"Shoot"到"Animator"窗口的"Shoot"层状态转换图中，从而生成同名状态"Shoot"。用鼠标左键单击"Shoot"状态，可以在"Inspector"窗口查看该状态的属性，其中"Motion"属性即为该状态所使用的动画文件，如图 6-89 所示。

图 6-88　创建新的动画层并观察其状态转换图

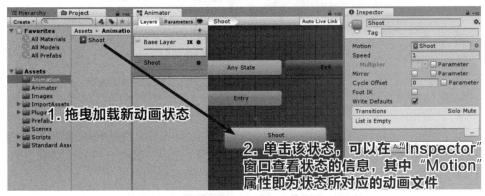

图 6-89　创建新的动画状态"Shoot"并查看其属性

由于"Shoot"状态是第一个被添加到"Shoot"层状态转换图中的状态，因此它被自动设置为默认状态，颜色为橙色，并且有连线从"Entry"指向该状态。实际上主角在默认情况下应该处于非举枪状态，直到获得举枪的指令才进入"Shoot"状态，因此需要在"Shoot"层的状态转换图中添加一个空状态并设置为默认状态，具体操作方法为：在"Shoot"层状态转换图的空白位置单击鼠标右键，在弹出菜单中选择"Create State->Empty"，从而生成一个新的名为"New State"的状态，如图 6-90 所示。

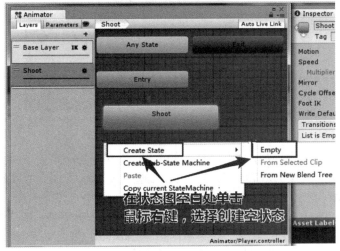

图 6-90　创建新的空动画状态"New State"

187

在新状态上单击鼠标右键，在弹出菜单中选择"Set as Layer Default State"，将"New State"状态设置为默认状态，如图 6-91 所示。

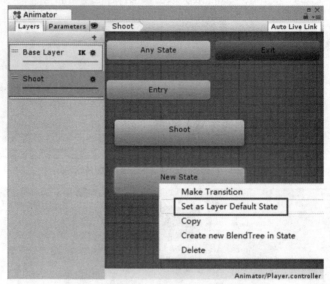

图6-91　将"New State"状态设置为默认状态

用鼠标左键单击"Animator"窗口左半边上方的"Parameters"使显示内容切换到参数列表，然后用鼠标左键单击右上方的"+"号，在下拉菜单中选择"Bool"创建一个布尔型的新参数，并用键盘输入参数名称"Shooting"后按"回车"键，如图 6-92 所示。

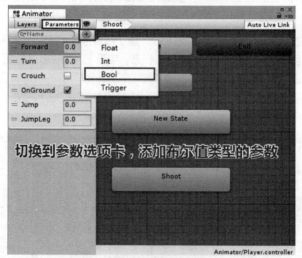

图6-92　添加新状态转换参数的方法

用上述方法再创建一个类型为"Trigger"并且名为"Fire"的参数，如图 6-93 所示。"Trigger"型参数类似于布尔值，但其默认值为"false"，当参数值被设置为"true"并发挥作用后，系统会自动将其切换回"false"。

接下来要创建"New State"状态转换到"Shoot"状态的转换条件。在"New State"状态上单击鼠标右键，在弹出菜单中选择"Make Transition"，此时会发现"New State"到鼠标之间会一直有一条连线，说明现在需要选择转换的目标，将鼠标移动到"Shoot"状态并单击鼠标左键完成转换连线的设置，即可在状态转换图中创建一条从"New State"到"Shoot"的带箭头的连线，如图6-94 所示。

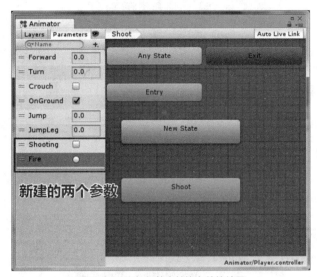

图 6-93　添加新状态转换参数的结果

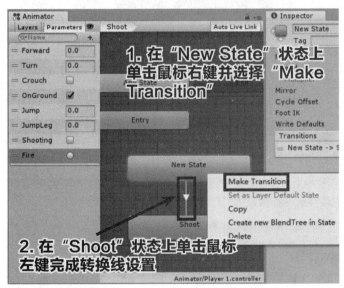

图 6-94　创建"New State"到"Shoot"的状态转换连线

　　用鼠标左键单击刚创建的状态转换连线，再到"Inspector"窗口找到"Condictions"列表，用鼠标左键单击列表下方的"+"号从而添加一个转换条件，条件参数选择"Shooting"且其值设为"true"；同时为了使主角在获得举枪的指令后立即做出反应而不用等待上一个动作完成，需要在"Inspector"窗口中将"Has Exit Time"属性设置为"false"（取消勾选状态），如图 6-95 所示。

　　为了让主角能从"举枪瞄准"状态回到"原地站立"状态，还需要创建从"Shoot"状态转换到"New State"状态的转换连接线，并设置转换条件及相关属性。具体操作方法如图 6-96 所示，与之前不同的是：这次要在"Shoot"状态上单击鼠标右键并选择"Make Transition"，并将状态转换线连接到"New State"状态，这条新的连接线的转换条件参数设为"Shooting"且其值设为"false"，"Has Exit Time"属性设置为"false"（取消勾选状态）。

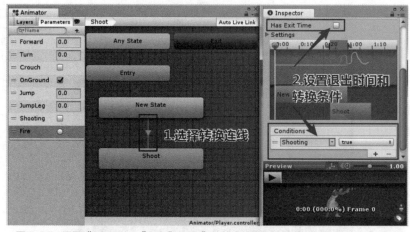

图6-95 设置"New State"到"Shoot"的状态转换条件及"Has Exit Time"属性

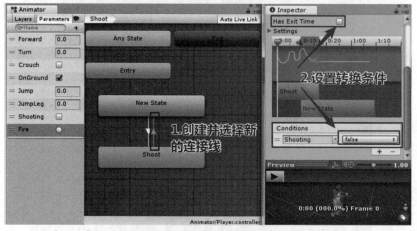

图6-96 创建"Shoot"到"New State"的状态转换连接线并设置转换条件及"Has Exit Time"属性

再添加一条从"Shoot"状态出发并回到"Shoot"状态本身的转换连接线用于实现开枪动作，该状态转换连接线的转换条件参数设为"Fire"，如图6-97所示。

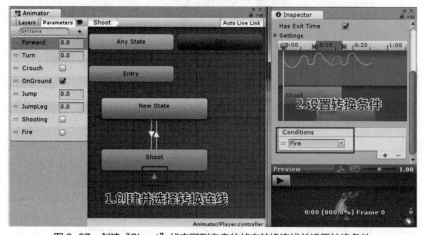

图6-97 创建"Shoot"状态回到自身的状态转换连线并设置转换条件

此时如果试运行游戏后在"Animator"窗口中将"Shooting"参数的值设为"true"，会看到"Game"窗口中的主角并不能把枪举起来，这是因为新创建的名为"Shoot"的新动画层并没有开始发挥作用，需要进一步进行设置。

（3）设置新动画层"Shoot"的相关参数

在"Animator"窗口左半边用鼠标左键单击"Layers"选项卡，然后单击"Shoot"层右边的齿轮图标，弹出该层的属性设置菜单，在菜单中可见"Weight（权重）"属性的值为 0。这说明在默认情况下，新建动画层的权重为 0，而一个动画层起作用的程度取决于其权重，因此新建动画层"Shoot"此时并没有发挥作用。在本项目中，"Shoot"层需要发挥 100%的作用，因此要将"Weight"属性的值设置为 1，如图 6-98 所示。

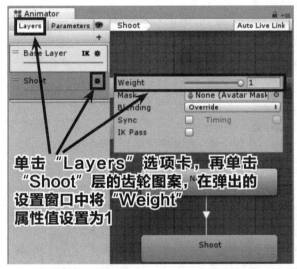

图 6-98　将"Shoot"层的"Weight"属性值设置为 1

进行上述操作后，在"Animator"窗口用鼠标左键单击左上角的"Parameters"选项卡显示参数列表，再用鼠标左键单击 Unity 工具栏中的"播放"按钮试运行游戏，然后回到"Animator"窗口将"Shooting"参数的值设置为"true"，会看到"Game"窗口中的主角举起了枪，说明"Shoot"层起作用了。但此时主角上下半身的动作全都来源于"Shoot"层的"Shoot"状态，"Base Layer"层的作用被"Shoot"层完全覆盖了，而按照本项目既定的设计思路，主角的下半身动作应该仍然受"Base Layer"层的控制，因此需要给"Shoot"层添加动画遮罩以滤除该层对主角下半身动作的影响。

（4）在"Shoot"层创建、设置和应用动画遮罩

在"Project"窗口文件路径"Assets\Animation"下的空白处单击鼠标右键，在弹出菜单中选择"Create->Avatar Mask"，创建一个动画遮罩文件"New Avatar Mask"，如图 6-99 所示，并在其名称上单击鼠标左键进入更名状态，从键盘输入名称"PlayerShoot"从而创建出名为"PlayerShoot"的动画遮罩。

用鼠标左键单击新建的"PlayerShoot"文件，再到"Inspector"窗口单击"Humaniod"属性左侧的三角形展开"Humaniod"属性，在"Inspector"窗口显示人偶图像，默认情况下人偶的每一个部分都是绿色的即表示身体动作全都不滤除。在本项目中希望滤除"Shoot"层人形动画下半身的动作，因此要用鼠标左键单击人偶的双腿及左右下方的"IK"，使这几部分的颜色变为红色，如图 6-100 所示。

将动画遮罩"PlayerShoot"应用到动画控制器"Player"的"Shoot"层上，具体方法为：在"Project"窗口的"Assets\Animator"文件路径下，用鼠标左键双击动画控制器"Player"从而在"Animator"窗口中打开动画控制器"Player"，然后在"Animator"窗口中用鼠标左键单击"Shoot"层右边的齿

轮图案，在弹出的设置窗口中找到"Mask（遮罩）"属性，再用鼠标左键单击其右侧的圆形按钮，在弹出的"Select AvatarMask"窗口中选择刚才创建的动画遮罩"PlayerShoot"，如图6-101所示。

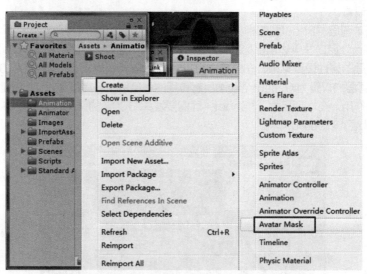

图6-99　创建动画遮罩"PlayerShoot"

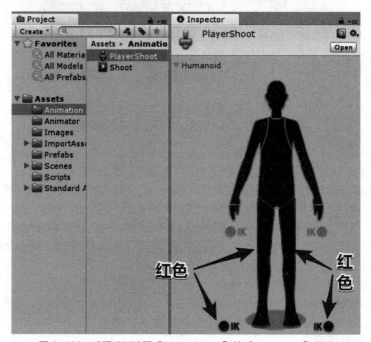

图6-100　设置动画遮罩"PlayerShoot"的"Humaniod"属性

（5）运行游戏测试动画效果

运行游戏，在"Animator"窗口中用鼠标左键单击"Parameters"选项卡显示参数列表，将"Shooting"参数的值设置为"true"（勾选状态），可看到"Game"窗口中的主角举起了手中的武器进入瞄准状态，再回到"Animator"窗口用鼠标左键单击"Fire"参数右侧的单选框，可看到"Game"窗口中的主角不断做出开枪的动作。而在"举枪瞄准"和"开枪"状态下，主角下半身的动作为"Base Layer"层的"站立"动作。效果如图6-102所示。

图 6-101 应用动画遮罩

图 6-102 查看主角对象在使用多层叠加动画后的效果

至此，动画控制器的设计工作已经完成。接下来要通过开发者自己设计的脚本，将玩家的鼠标操作与主角的"举枪瞄准""举枪转身"以及"开枪"动作进行关联。

6.5.3 添加瞄准与开枪动作的脚本

可以仿照已导入的标准资源中"ThirdPersonCharacter"和"ThirdPersonUserControl"两个 C# 脚本的功能来编写"举枪瞄准""开枪"及"放下枪"三个动作相关的脚本。在上述两个脚本中，"ThirdPersonCharacter"主要用于描述与游戏角色的运动直接相关的各属性，提供在这些属性影响下控制角色移动的函数，而"ThirdPersonUserControl"则将玩家的输入操作（键盘、鼠标和触摸屏等）与"ThirdPersonCharacter"提供的移动函数进行关联。这样分开设计的目的是将玩家的具体输入方式与角色本身的功能实现进行分离，其好处是：一方面将大问题分解为小问题降低了每个脚本的代码复杂度，另一方面增强了程序的可扩展性和健壮性。因此，针对主角的战斗动作，也可以设计两个脚本：第一个脚本"PlayerShoot"用于描述主角开枪相关的各属性，并提供在这些属性影响下控制主角做出"举枪瞄准""开枪""放下枪"等动作的函数；第二个脚本"PlayerShootUserControl"用于将玩家具体操作（鼠标按键的操作、鼠标的移动）与主角的动作进行关联。

1. 设计主角开枪的 C#脚本 "PlayerShoot"

在 "Project" 窗口文件路径 "Assets\Scripts\" 下创建新脚本，取名为 "PlayerShoot"，注意要确保脚本的名称与脚本所定义的类的类名一致，如图 6-103 所示。

"反向动力学（Inverse Kinematics，IK）"的概念及其作用

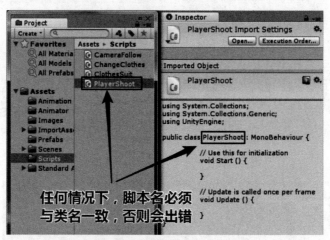

图 6-103　创建 C#脚本 "PlayerShoot"

用鼠标左键双击脚本 "PlayerShoot" 从而在 MonoDevelop 中打开并编辑脚本内容：在 "PlayerShoot" 类的定义之前添加对 "Animator" 组件的依赖限定，然后添加类的成员变量，具体变量及其用途如图 6-104 所示。其中，添加了 "[SerializeField]" 限定的变量具有以下特性：当脚本 "PlayerShoot" 加载到游戏角色对象 "Player" 上成为其组件时，在 Unity 的 "Inspector" 窗口中可以给添加了 "[SerializeField]" 限定的变量赋值和修改值，便于调试。

"PlayerShoot" 类提供的使主角 "举枪瞄准" "放下枪" "开枪" 的函数分别为 "Shoot()" 函数、"Release()" 函数和 "Fire()" 函数，它们能让主角做出不同动作的原理是利用主角对象的动画器组件修改动画状态转换图中参数 "Shooting" 和 "Fire" 的值。为了能够在 "PlayerShoot" 类中获得动画器组件的控制权，在 "Start()" 函数中调用了 "GetComponent<T>()" 函数获取动画器组件并存储在成员变量 "animator" 中。此外，实现武器冷却的功能主要靠成员变量 "isFireReady" 和协程函数 "CD()" 来实现：在 "Fire()" 函数中主角开枪后立即启动协程函数 "CD()"，"CD()" 函数会在成员变量 "m_CDTime" 所指定的时长内将 "isFireReady" 的值设置为 "false"，直到冷却时间结束才恢复为 "true"，从而保证在冷却期间即便 "Fire()" 函数再次被调用也不会让角色做出开枪的动作。上述各函数的具体代码如图 6-105 所示。

```
[RequireComponent (typeof(Animator))]
public class PlayerShoot : MonoBehaviour
{
    //IK 旋转权重
    [SerializeField] float m_IKRotationWeight = 1f;
    //IK 位置权重
    [SerializeField] float m_IKPositionWeight = 1f;
    //用于存储左手 IK 参照物的变量及其可读属性
    [SerializeField] Transform m_leftHandIK;
    public Transform M_leftHandIK {
        get {
            return m_leftHandIK;
        }
```

图 6-104　"PlayerShoot" 类的依赖限定和成员变量

```
  }
  //用于存储右手IK 参照物的变量及其可读属性
  [SerializeField] Transform m_rightHandIK;
  public Transform M_rightHandIK {
    get {
      return m_rightHandIK;
    }
  }
  //武器的冷却时间，单位为秒
  [SerializeField] float m_CDTime = 0.5f;
  //武器是否可用（即是否已经冷却好了）
  bool isFireReady = true;
  //用于存放游戏角色的 Animator 组件
  Animator animator;
}
```

图 6-104   "PlayerShoot"类的依赖限定和成员变量（续）

```
void Start ()
{
  //获取游戏角色的 Animator 组件
  animator = GetComponent<Animator> ();
}
//使角色做出举枪瞄准动作
public void Shoot ()
{
  animator.SetBool ("Shooting", true);
}

//使角色放下枪
public void Release ()
{
  animator.SetBool ("Shooting", false);
}
//使角色开火
public void Fire ()
{
  if (isFireReady) {
    animator.SetTrigger ("Fire");
    StartCoroutine (CD ());
  }
}
//令武器在 m_CDTime 秒的时间内不可用的协程函数
IEnumerator CD ()
{
  isFireReady = false;
  yield return new WaitForSeconds (m_CDTime);
  isFireReady = true;
}
```

图 6-105   "PlayerShoot"类的部分成员函数

当主角处于"举枪瞄准"状态时，动画片段所提供的手部动作和姿态是固定的，将导致主角无法真正将手中的武器对准射击目标位置，为解决这个问题需要引入"反向动力学（Inverse Kinematics，IK）"，即在"瞄准"状态下需要利用"IK"功能指定主角双手所处的位置和姿态，因此在脚本"PlayerShoot"中还应添加图 6-106 所示的"OnAnimatorIK()"函数。

```
//设置动画器的IK 状态
void OnAnimatorIK (int layerIndex)
{
    //当处于举枪状态时，针对Shoot 层设置IK，以保证枪对准目标位置
    if (animator.GetBool ("Shooting")) {
        //利用IK 调整左手的位置和朝向
        animator.SetIKRotationWeight (AvatarIKGoal.LeftHand,
            m_IKRotationWeight);
        animator.SetIKRotation (AvatarIKGoal.LeftHand,
            m_leftHandIK.rotation);
        animator.SetIKPositionWeight (AvatarIKGoal.LeftHand,
            m_IKPositionWeight);
        animator.SetIKPosition (AvatarIKGoal.LeftHand,
            m_leftHandIK.position);
        //利用IK 调整右手的位置和朝向
        animator.SetIKRotationWeight (AvatarIKGoal.RightHand,
            m_IKRotationWeight);
        animator.SetIKRotation (AvatarIKGoal.RightHand,
            m_rightHandIK.rotation);
        animator.SetIKPositionWeight (AvatarIKGoal.RightHand,
            m_IKPositionWeight);
        animator.SetIKPosition (AvatarIKGoal.RightHand,
            m_rightHandIK.position);
    }
    //当处于非举枪状态时
    if (!animator.GetBool ("Shooting")
        && animator.GetIKPositionWeight (AvatarIKGoal.RightHand) ==
        m_IKPositionWeight) {
        //左手不再受IK 的影响
        animator.SetIKRotationWeight (AvatarIKGoal.LeftHand, 0);
        animator.SetIKPositionWeight (AvatarIKGoal.LeftHand, 0);
        //右手不再受IK 的影响
        animator.SetIKRotationWeight (AvatarIKGoal.RightHand, 0);
        animator.SetIKPositionWeight (AvatarIKGoal.RightHand, 0);
    }
}
```

图 6-106　"PlayerShoot" 类的成员函数 "OnAnimatorIK()"

2. 设计角色开枪玩家控制 C#脚本 "PlayerShootUserControl"

回到 Unity 的 "Project" 窗口，在文件路径 "Assets\Scripts\" 下再创建一个新 C#脚本，命名为 "PlayerShootUserControl"。用鼠标左键双击脚本进入编辑状态，添加依赖限定和成员变量如图 6-107 所示。在 "PlayerShootUserControl" 类的代码中，之所以需要获取 "ThirdPerson-Character" 组件的控制权，是因为在 "举枪瞄准" 的状态下，可以利用 "ThirdPersonCharacter" 组件的 "Move()" 函数来控制运动的细节，从而在 "PlayerShootUserControl" 组件中只需要计算角色的旋转量而不需要关心运动的具体实现；之所以需要 "ThirdPersonUserControl" 组件的控制权，是因为在 "举枪瞄准" 的状态下，要让 "PlayerShootUserControl" 组件完全接管对玩家输入的处理，因此将 "ThirdPersonUserControl" 组件暂时切换到 "非激活" 状态，直到主角放下枪才恢复其激活状态。

```
using System.Collections;
using System.Collections.Generic;
using UnityEngine;
using UnityStandardAssets.Characters.ThirdPerson;

[RequireComponent (typeof(PlayerShoot))]
[RequireComponent (typeof(ThirdPersonUserControl))]
```

图 6-107　"PlayerShootUserControl" 类的依赖限定和成员变量

```
[RequireComponent (typeof(ThirdPersonCharacter))]
public class PlayerShootUserControl : MonoBehaviour
{
    //反向动力学所需的变量
    //武器扳机的参考物体
    [SerializeField] Transform m_TriggerObject;
    //进行反向动力学计算时使用的基准参考物
    // (应置于角色胸部中心位置)
    [SerializeField] Transform m_IKBase;
    //武器与基准参考物之间的距离
    [SerializeField] float m_TriggerDistance;
    //双手的 IK 位置与武器参考位置的距离
    [SerializeField] float m_HandDistance;
    //进行瞄准时双手可以摆过的最大角度
    [SerializeField] float m_IKLimitAngle;
    //如果目标离角色的距离小于这个值则不计算转身量
    [SerializeField] float m_TurnLimitDistance;
    //是否处于举枪状态
    bool m_IsShooting = false;
    //用于存储每一帧计算出的瞄准目标位置
    Vector3 m_mouse3DPosition;
    //用于存储每一帧计算出的角色的运动向量
    Vector3 m_Move;
    //武器对象的 Transform 组件（枪口方向为 z 方向）
    [SerializeField] Transform m_ShootingBase;
    //用于存储跟随游戏角色的摄像机的 Transform 组件
    [SerializeField] Transform m_CamTrans;
    //用于存储跟随游戏角色的摄像机的 Camera 组件
    Camera m_Cam;
    //用于存储跟随游戏角色的摄像机的 CameraFollow 组件
    CameraFollow m_CamFollow;
    //用于存储游戏角色的 PlayerShoot 组件
    PlayerShoot m_Shoot;
    //用于存储游戏角色的 ThirdPersonUserControl 组件
    ThirdPersonUserControl m_Control;
    //用于存储游戏角色的 ThirdPersonCharacter 组件
    ThirdPersonCharacter m_Character;
}
```

图 6-107　"PlayerShootUserControl"类的依赖限定和成员变量（续）

添加"Start()"函数的代码如图 6-108 所示，在游戏运行的初始化阶段获取脚本所需的其他各组件。

```
void Start ()
{
    //获取控制所需的各组件
    m_Cam = m_CamTrans.gameObject.GetComponent<Camera> ();
    m_CamFollow = m_CamTrans.gameObject.GetComponent<CameraFollow> ();
    m_Shoot = GetComponent<PlayerShoot> ();
    m_Control = GetComponent<ThirdPersonUserControl> ();
    m_Character = GetComponent<ThirdPersonCharacter> ();
}
```

图 6-108　"PlayerShootUserControl"类的"Start()"函数

添加"Update()"函数的代码如图 6-109 所示。"Update()"函数中的代码将鼠标右键的按下和弹起事件分别与主角"举枪瞄准""放下枪"两个动作进行了关联，分别对应主角对象"PlayerShoot"组件（成员变量 m_Shoot）的"Shoot()"函数和"Release()"函数，并且分别在举枪和放下枪时改变主角对象的"ThirdPersonCharacter"组件、跟随摄像机的"CameraFollow"组件的激活状态，保证在举枪时"PlayerShootUserControl"组件完全接管对玩家输入的处理，同时摄像机暂停跟踪从而避免主角进入无限旋转状态，而在放下枪后则恢复角色"ThirdPersonCharacter"组件、跟随摄像机的"CameraFollow"组件的正常工作状态。此外，代码中还利用布尔型成员变量"m_IsShooting"来存储角色是否处于"举枪瞄准"状态，从而保证只在"举枪瞄准"状态下对玩家是否按下鼠标左键进行检查，并将鼠标左键的按下事件与主角的"开枪"动作关联，对应主角对象"PlayerShoot"组件（成员变量"m_Shoot"）的"Fire()"函数。

```
//在Update函数中控制举枪、放下枪和开枪
void Update ()
{
    //如果鼠标右键被按下，则进入举枪状态
    if (Input.GetMouseButtonDown (1)) {
        m_Control.enabled = false;
        m_CamFollow.enabled = false;
        m_IsShooting = true;
        m_Shoot.Shoot ();
    }
    //如果鼠标右键弹起，则退出举枪状态
    if (Input.GetMouseButtonUp (1)) {
        m_Control.enabled = true;
        m_CamFollow.enabled = true;
        m_IsShooting = false;
        m_Shoot.Release ();
    }
    //在举枪状态下
    if (m_IsShooting) {
        //更新IK信息以调整双手的姿势
        UpdateIKInfo ();
        //如果鼠标左键被按下，则让角色开枪
        if (Input.GetMouseButton (0)) {
            if (Vector3.Angle (transform.forward,
                m_mouse3DPosition - transform.position) < 90f) {
                //当鼠标所指位置在角色前方
                //播放角色开枪动画
                m_Shoot.Fire ();
            }
        }
    }
}
```

图6-109　"PlayerShootUserControl"类的"Update()"函数

在"Update()"函数中，当布尔型成员变量"m_IsShooting"的值为"true"即游戏主角处于"举枪瞄准"状态时，需要根据鼠标所指位置不断更新IK信息从而调整主角双手的姿势，这个功能通过调用"UpdateIKInfo()"实现，函数的定义如图6-110所示。

此外，要编写"FixedUpdate()"函数用于控制主角在"举枪瞄准"状态下的运动，如图6-111所示。之所以要在"FixedUpdate()"函数中编写运动控制相关代码是因为运动控制涉及刚体的运动，刚体运动属于物理逻辑，Unity规定物理逻辑应该放在"FixedUpdate()"函数中。

```
//更新IK信息
void UpdateIKInfo ()
{
    //IK参考点指向目标的向量
```

图6-110　"PlayerShootUserControl"类的"updateIKInfo()"函数

```
Vector3 targetDir = m_mouse3DPosition - m_IKBase.position;
//求扳机参考位置
Vector3 triggerPosition = m_TriggerObject.position;
if (Vector3.Angle (m_IKBase.forward, targetDir) <
    m_IKLimitAngle) {
  triggerPosition = m_IKBase.position +
  targetDir.normalized * m_TriggerDistance;
} else {
  triggerPosition = m_IKBase.position +
  Vector3.RotateTowards (m_IKBase.forward, targetDir,
    m_IKLimitAngle / 180f, 0f).normalized
  *  m_TriggerDistance;
}
//更新扳机参考对象的位置
m_TriggerObject.position = triggerPosition;
//右手的位置
Vector3 rightHandPosition = triggerPosition +
                transform.right * m_HandDistance;
//右手的朝向
Quaternion rightHandRotation = Quaternion.identity;
if (m_mouse3DPosition != rightHandPosition) {
  rightHandRotation =
    Quaternion.LookRotation (m_mouse3DPosition -
  rightHandPosition, m_TriggerObject.up);
}
//设置右手 IK
m_Shoot.M_rightHandIK.
SetPositionAndRotation (rightHandPosition, rightHandRotation);
//左手的位置
Vector3 leftHandPosition = triggerPosition -
                transform.right * m_HandDistance;
//左手的朝向
Quaternion leftHandRotation = Quaternion.identity;
if (m_TriggerObject.position != leftHandPosition) {
  leftHandRotation =
    Quaternion.LookRotation (m_TriggerObject.position -
  leftHandPosition, m_TriggerObject.up);
}
//设置左手 IK
m_Shoot.M_leftHandIK.
SetPositionAndRotation (leftHandPosition, leftHandRotation);
}
```

图 6-110　"PlayerShootUserControl"类的"UpdateIKInfo()"函数（续）

```
//在 FixedUpdate 函数中控制举枪状态下角色的转身
void FixedUpdate ()
{
  if (m_IsShooting) {
    //计算旋转量
    float h = GetAimHAmount ();
    //计算运动向量
    m_Move = h * m_CamTrans.right;
    //利用 ThirdPersonCharacter 控制角色转身
    m_Character.Move (m_Move, false, false);
  }
}
```

图 6-111　"PlayerShootUserControl"类的"FixedUpdate()"函数

在"FixedUpdate()"函数中调用的"GetAimHAmount()"函数的作用是计算角色在举枪状态下的运动旋转量，其具体实现如图 6-112 所示。代码通过射线获取鼠标所指位置，并根据武器的指向和武器到鼠标所指位置的方向计算出角色的转动量。为了保证射线只作用于场景中的环境对象（地面、墙等）而不作用于包括主角在内的其他对象，需要给射线添加层遮罩"LayerMask"，使射线只作用于"Environment"层中的游戏对象。

```
//利用射线获取用户鼠标所指位置并计算使角色转向该位置的旋转量
float GetAimHAmount ()
{
    float amount = 0;
    RaycastHit hit = new RaycastHit ();
    if (Physics.Raycast (
        m_Cam.ScreenPointToRay (Input.mousePosition), out hit,
        Mathf.Infinity,
        LayerMask.GetMask ("Environment"))) {
        //获取鼠标所指位置在场景中的三维坐标
        m_mouse3DPosition = hit.point;
        //如果目标位置与角色之间的距离超过限定值，则计算旋转量
        if (Vector3.Distance (transform.position,
            m_mouse3DPosition) > m_TurnLimitDistance) {
            //枪到鼠标位置的方向在世界坐标系x-z平面上的投影
            Vector3 shootDir =
                Vector3.ProjectOnPlane (m_mouse3DPosition -
                m_ShootingBase.position, Vector3.up);
            //枪的指向在世界坐标系x-z平面上的投影
            Vector3 gunDir = Vector3.ProjectOnPlane (
                        m_ShootingBase.forward,
                        Vector3.up);
            //以上两个方向的夹角
            float angle = Vector3.SignedAngle (shootDir,
                        gunDir, Vector3.up);
            //防抖动
            if (Mathf.Abs (angle) < 4) {
                angle = 0;
            }
            amount = -angle / 180f;
        }
    }
    //返回旋转量
    return amount;
}
```

图 6-112　"PlayerShootUserControl"类的"GetAimHAmount()"函数

3. 添加"Environment"层

"Layer（层）"是 Unity 对场景物体进行分类管理的一种手段，通过把不同的游戏对象分配到不同的层中，实现对物体的分类，从而可以在脚本代码中通过"LayerMask（层遮罩）"来区别不同类别的游戏对象。系统默认的层有"Default""Warter""UI"等，"Environment"是本项目自定义的用于管理环境物体的层，需要手动添加并设置。在"Hierarchy"窗口用鼠标左键单击"Environment"对象再到"Inspector"窗口中查看，右上角的"Layer"属性即为层属性，其默认值为"Default"，用鼠标左键单击该属性值从而在下拉菜单中可以看到已有所有层的名称以及"Add Layer...（添加新层...）"选项，用鼠标左键单击"Add Layer..."选项可以创建自定义的"Environment"层，如图6-113所示。

此时"Inspector"窗口的显示内容会切换到"Tags & Layers"界面，找到属性"User Layer 8（用户自定义层8）"，填入自定义层的名称"Environment"并按回车键确认，如图6-114所示。

在"Hierarchy"窗口中用鼠标单击"Environment"对象，再到"Inspector"窗口将其"Layer"属性的值设置为"Environment"，如图6-115所示。会弹出窗口询问是否将该设置应用于"Environment"对象的所有子对象，应选"Yes,change children（是的，改变子对象）"，如图6-116所示。

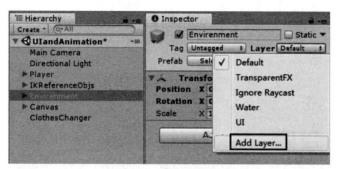

图 6-113　添加自定义层

图 6-114　输入自定义层的名称

图 6-115　设置层属性

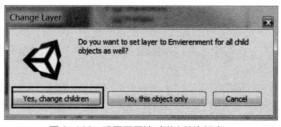

图 6-116　设置层属性时弹出的询问窗口

4. 将 C#脚本"PlayerShootUserControl"加载到游戏主角对象上

至此，脚本的编写工作以及相关的层设置已经完成，可以将脚本加载到主角对象"Player"上，具体方法如图 6-117 所示。

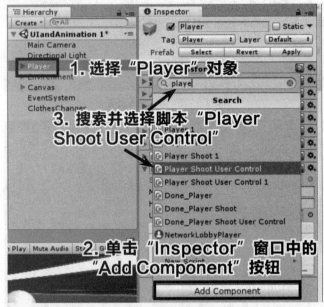

图 6-117　将开枪动作相关的脚本加载到"Player"对象上

由于在编写"PlayerShootUserControl"脚本时添加了对"PlayerShoot"脚本的依赖限定，因此"PlayerShoot"脚本自动被加载到"Player"对象上。

5. 给"PlayerShootUserControl"脚本组件的"Cam Trans"属性和"Shooting Base"属性赋值

"Cam Trans"属性是跟随摄像机的"Transform"组件，先在"Hierarchy"窗口用鼠标左键单击"Player"对象使之处于被选中状态，再从"Hierarchy"窗口将"Main Camera"对象直接用鼠标左键拖曳到"Inspector"窗口赋值给"Player"对象"Player Shoot User Control"组件的"Cam Trans"属性即可，如图 6-118 所示。

"Shooting Base"属性为主角手上的武器的基准对象，枪口的方向为其自身坐标系的"Z"方向，该对象为"Player"对象的子对象。由于"Player"对象的子对象繁多，很难一眼就找到，容易在寻找过程中使"Inspector"窗口中的内容不再保持为"Player"对象本身的组件信息。因此，可以使用一个小技巧：在设置"Shooting Base"属性值之前将"Inspector"窗口锁定在显示"Player"对象组件信息的状态，完成赋值后再解除锁定。具体操作如下。

在"Hierarchy"窗口用鼠标左键单击"Player"对象再到"Inspector"窗口找到右上角的锁图案，用鼠标单击该图案即可将"Inspector"窗口的显示内容锁定，如图 6-119 所示。

到"Scene"窗口将视角拉近观察主角手中的枪，用鼠标左键连续单击枪两次（不是双击，是单击一次后，再单击一次），必定使枪的某个子对象处于被选中状态，此时到"Hierarchy"窗口拖动滚动条查看被选中对象的上级对象就可以找到武器基准对象"WeaponReference"，如图 6-120 所示。

将该对象从"Hierarchy"窗口拖曳到"Inspector"窗口赋值给"Shooting Base"属性。最后，再次用鼠标左键单击"Inspector"窗口右上角的锁图标，解除锁定状态，如图 6-121 所示。

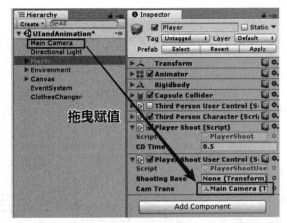

图 6-118　设置"PlayerShootUserControl"组件"CamTrans"属性的值

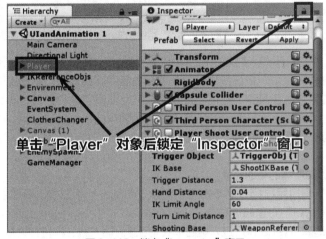

图 6-119　锁定"Inspector"窗口

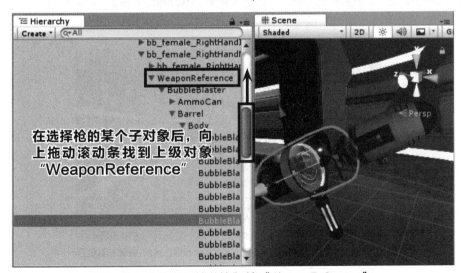

图 6-120　定位武器对象的基准对象"WeaponReference"

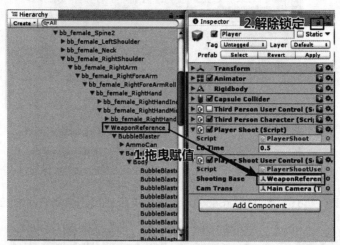

图6-121　设置"PlayerShootUserControl"组件"Shooting Base"属性的值并解除锁定

　　值得注意的是，并不是所有人物角色模型都有武器基准对象"WeaponReference"，如果使用的是自己设计的人物角色模型，应该在建模时考虑在角色手部合适的位置添加该对象；如果使用的是别人已经设计好的人物角色模型，则需要开发者在前期对模型进行分析，找到模型中合适的位置添加空对象并命名为"WeaponReference"作为角色对象的武器基准对象，而且要正确设置该基准对象的位置、姿态，以保证举枪时"WeaponReference"的自身坐标系"Z"方向与枪口的朝向一致。

6. 创建"IK"计算所需的辅助对象

　　在"Hierarchy"窗口用鼠标右键单击角色对象"Player"后在弹出菜单中选择选项"Create Empty"，创建出"Player"对象的子对象"GameObject"，再在"GameObject"对象上单击鼠标右键，在弹出菜单中选择"Rename"进入更名模式，用键盘输入新名称将其更名为"ShootIKBase"。保持"ShootIKBase"对象的被选中状态，到"Scene"窗口利用平移工具将其移动到角色胸部中心位置，如图6-122所示。

图6-122　创建"IK"基准参考对象"ShootIKBase"并调整其位置

　　回到"Hierarchy"窗口用鼠标右键单击空白位置后在弹出菜单中选择选项"Create Empty"创建空对象"GameObject"，在"GameObject"对象上单击鼠标右键后在弹出菜单中选择"Rename"进入更名模式，用键盘输入新名称将其更名为"IKReferenceObjs"。然后在"IKReferenceObjs"

对象上单击鼠标右键后在弹出菜单中选择选项"Create Empty"创建"IKReferenceObjs"对象的空子对象"GameObject",在"GameObject"对象上单击鼠标右键后在弹出菜单中选择"Rename"进入更名模式,用键盘输入新名称将其更名为"LeftHandIKObj";用同样的方法,再为"IKReference-Objs"对象创建两个空子对象,分别命名为"RightHandIKObj"和"TriggerObj"。最终效果如图6-123 所示。

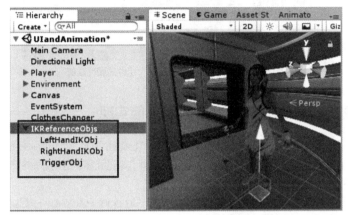

图6-123　创建"IK"计算的辅助对象

7. 给"Player Shoot User Control"脚本组件的其他属性赋值

在"Hierarchy"窗口用鼠标左键单击"Player"对象后到"Inspector"窗口给"Player Shoot User Control"组件的各属性赋值。其中"Trigger Object"属性通过拖曳赋值取"TriggerObj"对象的"Transform"组件,"IK Base"属性通过拖曳赋值取"ShootIKBase"对象的"Transform"组件,"Trigger Distance"属性取 1.3,"Hand Distance"属性取 0.04,"IK Limit Angle"属性取60,"Turn Limit Distance"属性取 1,如图 6-124 所示。

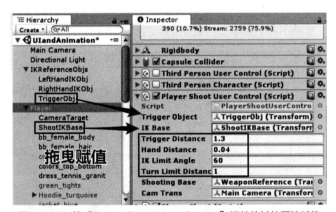

图6-124　给"Player Shoot User Control"组件的其他属性赋值

8. 给"Player Shoot"脚本组件的属性赋值

在"Hierarchy"窗口用鼠标左键单击"Player"对象后到"Inspector"窗口给"Player Shoot"组件的各属性赋值。其中"IK Rotation Weight"取 0.3,"IK Position Weight"取 0.3,"Left Hand IK"属性通过拖曳赋值取"LeftHandIKObj"对象的"Transform"组件,"Right Hand IK"属性通过拖曳赋值取"RightHandIKObj"对象的"Transform"组件,如图 6-125 所示。

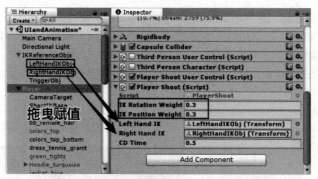

图6-125　给"Player Shoot"组件的属性赋值

6.5.4　激光束及其击中效果的添加和功能实现

本章素材提供了包含激光束及其击中效果的资源包"LaserGun.unitypackage"，只需将其导入项目并将相关预制体添加到项目场景中，适当调整脚本即可实现武器射出激光并产生击中效果的功能。

1. 导入资源并添加"枪口"预制体

到"Project"窗口单击鼠标右键，在弹出菜单中选择"Import Package->Custom Package"选项，在弹出窗口中定位到硬盘中的资源包文件"LaserGun.unitypackage"，单击"打开"按钮，在弹出的"Import Unity Package"窗口中单击右下角的"Import"按钮，导入激光束及其击中效果的资源。

完成导入后，可以在"Project"窗口的"ImportAssets\LaserGun\Prefabs\"路径下找到预制体"GunBarrelEnd"，该预制体即为激光枪的"枪口"预制体。到"Scene"窗口，用鼠标左键连续单击角色手中的武器两次（不是双击，而是单击一次后稍等片刻，再单击一次），使武器处于被选中状态，此时再到"Hierarchy"窗口查看被选中的具体对象，可以看到被选中的是武器对象"BubbleBlaster"的某个子对象或者其本身。从"Project"窗口中将预制体"GunBarrelEnd"拖曳到"Hierarchy"窗口中的"BubbleBlaster"对象上，创建出"BubbleBlaster"对象的子对象"GunBarrelEnd"，然后回到"Scene"窗口，利用平移工具调整"GunBarrelEnd"对象的位置，使其位于武器的发射口位置，如图6-126所示。

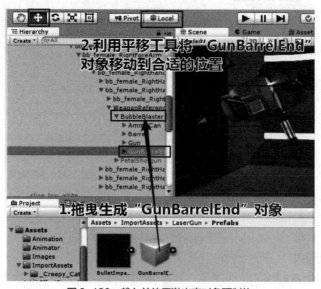

图6-126　载入并使用激光束对象预制体

2. 修改脚本实现玩家对激光束的控制

在"Hierarchy"窗口用鼠标左键单击"GunBarrelEnd"对象使之处于被选中状态，再到"Inspector"窗口查看构成该对象的主要功能组件，其中脚本组件"LaserShooting"是控制激光发射的关键，用鼠标左键单击组件右侧的齿轮按钮，在弹出菜单中选择"Edit Script"选项，使脚本文件"LaserShooting.cs"在 MonoDevelop 中打开，如图 6-127 所示。观察"LaserShooting"类的构成可以发现，只有函数"Shoot()"是公开函数，当该函数被调用时，会有一束激光从"GunBarrelEnd"对象所处的位置向其自身坐标系的 Z 轴正方向射出。

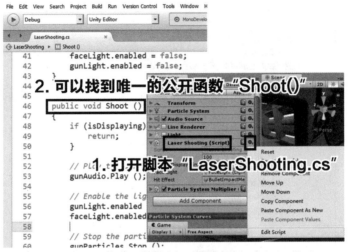

图 6-127　查看激光发射控制 C#脚本"LaserShooting"

在本项目中，当主角做出"开枪"的动作时，激光应当从"GunBarrelEnd"对象所处的位置射向玩家用鼠标左键单击的位置。为了实现这个功能，需要修改游戏角色对象"Player"的脚本组件"PlayerShootUserControl"，使得当角色开火时激光能出现在正确的位置。

在"Project"窗口的文件路径"Assets\Scripts\"下找到脚本文件"PlayerShootUserControl.cs"，用鼠标左键双击该文件使其在 MonoDevelop 中打开进入编辑状态。添加用于存放"GunBarrelEnd"对象"LaserShooting"组件的变量"laser"，并在"Start()"函数中利用"GetComponentInChildren<T>()"函数获取该组件，如图 6-128 所示。

```
public class PlayerShootUserControl : MonoBehaviour
{
    //此处省略多行代码
    .........
    //用于存储游戏角色的ThirdPersonCharacter 组件
    ThirdPersonCharacter m_Character;
    //用于存放"枪口"对象的激光控制组件
    LaserShooting laser;

    void Start ()
    {
        //此处省略多行代码
        .........
        m_Character = GetComponent<ThirdPersonCharacter> ();
        //获取"枪口"对象的激光控制组件
        laser = GetComponentInChildren<LaserShooting> ();
    }
}
```

图 6-128　修改 C#脚本"PlayerShootUserControl"添加成员变量和"Start()"函数中的代码

到"Update()"函数中找到"举枪瞄准"状态下的控制代码如图 6-129 所示，添加激光对准及发射的代码，利用"GunBarrelEnd"对象"Transform"组件的"LookAt()"函数使激光的发射方向对准鼠标所指位置，然后调用激光对象变量"laser"的"Shoot()"函数实现激光的发射。

```
//在 Update 函数中控制举枪、放下枪和开枪
    void Update ()
    {
        //此处省略多行代码
        ........
        //在举枪状态下
        if (m_IsShooting) {
            //更新 IK 信息以调整双手的姿势
            UpdateIKInfo ();
            //如果鼠标左键被按下，则让角色开枪
            if (Input.GetMouseButton (0)) {
                if (Vector3.Angle (transform.forward,
                    m_mouse3DPosition - transform.position) < 90f) {
                    //当鼠标所指位置在角色前方
                    //播放角色开枪动画
                    m_Shoot.Fire ();
                    //使"枪口"对象对准射击目标位置
                    laser.transform.LookAt (m_mouse3DPosition);
                    //发射激光
                    laser.Shoot ();
                }
            }
        }
    }
```

图 6-129   修改 C#脚本"PlayerShootUserControl"添加"Update()"函数中的代码

6.5.5   更新 UI 设置、运行测试并调整激光束参数

由于主角在完成换装后才可进入自由运动状态，因此主角对象"Player"的脚本组件"Player Shoot User Control"的激活状态也需要受界面按钮对象"OK"的控制。

首先在"Hierarchy"窗口用鼠标左键单击"Player"对象并到"Inspector"窗口将其"Player Shoot User Control"组件设置为"不激活状态"（取消勾选），如图 6-130 所示。

图 6-130   将"Player"对象的"Player Shoot User Control"组件设置为非激活状态

到"Hierarchy"窗口用鼠标单击按钮对象"OK"再到"Inspector"窗口找到其"On Click()"列表，用鼠标左键单击列表下方的"+"号添加新表项，并设置新表项为"Player"对象"Player Shoot-User Control"组件的"enabled"属性，设该属性的值为"true"（勾选），如图 6-131 所示。

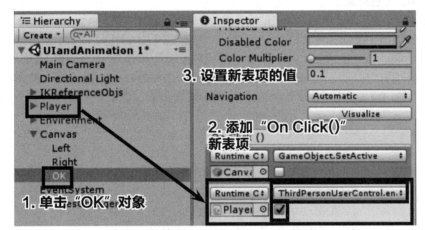

图 6-131　将"Player"对象"Player Shoot User Control"组件的"enabled"属性添加到
"OK"按钮的"On Click()"列表中

此时试运行游戏进行测试，发现已经达到了预期的效果。在"Game"窗口中玩家在完成换装后，用鼠标右键控制主角举枪瞄准，用鼠标左键控制角色开枪，开枪时从枪口到鼠标左键单击位置出现激光光束，并且光束击中的位置会出现击中特效，如图 6-132 所示。

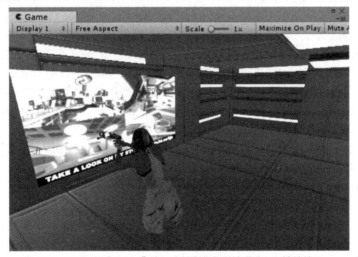

图 6-132　在"Game"窗口中控制角色举枪瞄准和开枪的效果

6.6 敌人角色的加入及其交互功能的实现

本节中，将介绍如何制作敌人角色。为了区分玩家控制的游戏角色和敌人角色，在本章剩余部分，将玩家控制的游戏角色称为"游戏主角"或者简称为"主角"，将敌人角色仍然称为"敌人角色"或者简称为"敌人"。本项目中的敌人角色为"自爆"机器人，默认情况下敌人会驻守原地，当游戏主角进入其探测范围时敌人会自动跟踪玩家，并在接近游戏主角一定距离时"自爆"给游戏主角造成伤害，如果敌人被激光击中则会提前爆炸。

6.6.1 导入敌人角色

1. 载入敌人角色资源

在"Project"窗口中的空白处单击鼠标右键，选择弹出菜单中的"Import Package->Custom Package..."选项，在弹出的文件选择窗口中定位到本章素材文件"Bomb_Bot.unitypackage"后单击"打开"按钮，再在弹出的"Import Unity Package"窗口中单击右下角的"Import"按钮，开始载入敌人角色资源包。载入完成后，可以在"Project"窗口的文件路径"Assets\ImportAssets\Bomb_Bot\ Prefabs\"下找到预制体"bomb_bot 1"，该预制体即为本节中将要用到的敌人角色的"模板"，如图6-133所示。

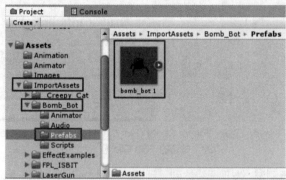

图6-133　载入敌人角色资源包

2. 观察敌人角色已具备的功能

用鼠标左键单击"Project"窗口中的敌人角色预制体"bomb_bot 1"，到"Inspector"窗口中查看其组件，可以看到除了"Transform""Rigibody"和"Sphere Collider"三个Unity常规组件之外还包含"Explode"和"Bomb Bot"两个脚本组件。用鼠标单击脚本组件右侧的齿轮图案，在其下拉菜单中选择"Edit Script"选项打开脚本进入编辑状态并观察其代码，可以发现如下情况。

①"Explode"类提供一个公开函数"Go()"，当该函数被调用时敌人角色将会爆炸；参数"Explosion Position"为爆炸中心位置参考对象的"Transform"组件；参数"Explosion Force"表示爆炸时产生的冲击力，在此取100，参数"Explosion Radius"表示爆炸冲击力的作用半径，在此取1。

②"BombBot"类提供两个公开函数"Move()"和"Idle()"，分别用于控制敌人角色进入"行走"状态和"待命"状态。

此外，到"Inspector"窗口中将预制体"bomb_bot 1"的"Layer（层）"属性已经被设置为"Enemy"。

6.6.2 自动寻路功能的实现

根据本节开头对敌人角色的描述，当玩家控制的游戏角色进入"bomb_bot 1"的探测范围时，"bomb_bot 1"可以跟踪玩家，该功能可以通过在"bomb_bot 1"对象上添加寻路组件、在场景中烘焙寻路网格并结合触发器和脚本来实现。

1. 创建敌人角色并添加寻路组件

将预制体"bomb_bot 1"用鼠标左键拖曳到场景中，生成敌人角色对象"bomb_bot 1"，并在"Scene"窗口中利用平移工具调整对象"bomb_bot 1"的位置，保证其位于地板上方。然后保持"bomb_bot 1"对象的被选中状态，到"Inspector"窗口单击"Add Component"按钮，在弹出菜单的搜索框中输入"nav"，然后用鼠标左键单击搜索到的选项"Nav Mesh Agent"，从而将寻路组件加载到"bomb_bot 1"对

什么是自动寻路

象上，如图 6-134 所示。

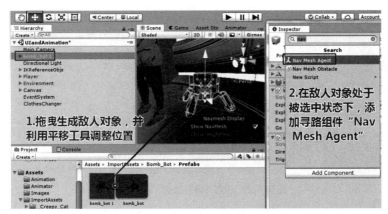

图 6-134　创建敌人角色并添加寻路组件

2. 调整寻路组件"Nav Mesh Agent"的属性

观察"Scene"窗口中的"bomb_bot 1"对象可以发现增加了一个圆柱形的绿色边框，该边框即为新添加的寻路组件，此时的寻路组件并不能很好地包裹"bomb_bot 1"对象，这会导致自动寻路的效果不佳，需要对寻路组件的参数进行调整。

在"Hierarchy"窗口中用鼠标单击"bomb_bot 1"对象后到"Inspector"窗口查看"Nav Mesh Agent"组件的相关属性。其中，"Base Offset"属性表示寻路组件的位置偏移量，取值越大则绿色边框相对"bomb_bot 1"对象越偏下，反之则偏上，该值取 0.46 能够使绿色边框下端与"bomb_bot 1"对象的下端对齐。"Radius"属性表示寻路组件的半径，取 0.9 可以将"bomb_bot 1"对象的四周完全包裹在绿色边框之内。"Height"属性表示寻路组件的高度，取 1.1 即可将"bomb_bot 1"对象的高度完全包裹在绿色边框之内。"Stopping Distance"属性表示寻路过程中离目标多近时停止靠近目标，可设置为 2 其他属性取默认值即可，最终效果如图 6-135 所示。

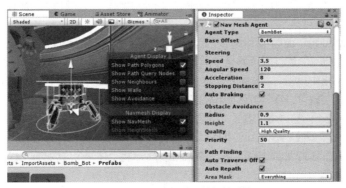

图 6-135　设置寻路组件相关属性

3. 烘培寻路网格

（1）将建筑物对象及其子对象设置为"寻路静态"

寻路网格是敌人对象可以进行自动寻路的范围，需要烘焙到场景中的地面上，"Environment"对象的子对象"Base"即为包含地面的建筑物对象。在 Unity 中，可以烘焙寻路网格的对象必须为"Navigation Static（寻路静态）"对象，在此，需要对"Base"对象进行设置：到"Hierarchy"窗口用鼠标左键单击"Base"对象，再到"Inspector"窗口右上角单击"Static"属性右侧的下拉箭头，在下拉菜单中选择

寻路网格的
烘培

"Navigation Static"选项，如图6-136所示。

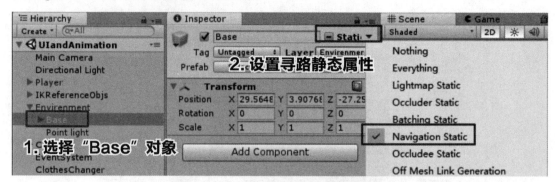

图6-136 设置环境对象的寻路静态属性

在弹出的"Change Static Flags"窗口中单击左下方的"Yes, change children"按钮，确认将"Base"对象及其所有子对象都设置为"寻路静态"，如图6-137所示。

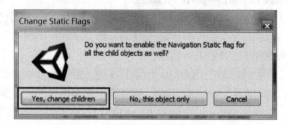

图6-137 确认将"Base"对象的子对象也设置为"寻路静态"

（2）设置烘焙相关参数

接下来可以开始进行烘焙了。首先要调出"Navigation（寻路）"窗口：用鼠标左键单击 Unity菜单栏中的"Window"选项，在下拉菜单中选择"Navigation"，使"Navigation"窗口显示在 Unity界面中，如图6-138所示。

然后在"Navigation"窗口中用鼠标左键单击"Bake"按钮显示"Bake"选项卡，并设置各属性的值："Agent Radius"属性表示网格中具备寻路功能的对象的尺寸半径，可设置为0.9；"Agent Height"属性表示网格中具备寻路功能的对象的尺寸高度，可设置为1.1；"Max Slope"属性表示网格中具备寻路功能的对象可以攀爬的最陡峭的角度，可设置为30。

值得说明的是，在不同的寻路环境下，当寻路对象的尺寸取不同的值时，可能会导致"Max Slope"和"Step Height"两个属性的取值相互冲突，Unity 会在"Step Height"属性下方显示提示信息，并给出两个属性的合理取值范围。如果出现冲突，只需要根据提示将上述两个属性的值设置在合理范围内即可。

（3）烘焙寻路网格

设置完成后，再次到"Hierarchy"窗口用鼠标左键单击"Base"对象，然后回到"Navigation"窗口单击右下方的"Bake"按钮进行寻路网格烘焙。在"Scene"窗口中可以观察到地面上出现了蓝色的寻路网格，如图6-138所示。

4. 修改敌人角色和玩家控制的游戏角色

要使自动寻路功能生效，则在玩家控制的游戏角色"Player"进入敌人角色"bomb_bot 1"的探测范围时，必须让"bomb_bot 1"的寻路组件知道"Player"的实时位置，从而实现跟踪。"探测范围"可以用触发器实现，在触发器的"OnTriggerStay()"函数中将"Player"的位置传送给"bomb_bot 1"的寻路组件。具体操作方法如下。

图 6-138　设置寻路网格属性并烘焙

（1）在"bomb_bot 1"对象上添加触发器

在"Hierarchy"窗口用鼠标左键单击"bomb_bot 1"对象，到"Inspector"窗口单击最下方的"Add Component"按钮，在弹出菜单中选择"Physics->Sphere Collider"，在"bomb_bot 1"对象上添加一个新的"Sphere Collider"组件。展开新添加的"Sphere Collider"组件，将"Is Trigger"属性设置为勾选状态，即表示当前的"Sphere Collider"组件为"触发器"而不再是默认情况下的"碰撞器"；然后再将"Radius"属性设置为 30，表示其"探测范围"半径为 30。完成设置后，到"Scene"窗口用鼠标滚轮将观察视角拉远，可以看到触发器的范围，如图 6-139 所示。

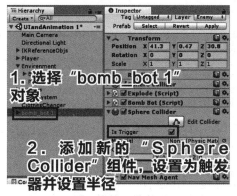

图 6-139　添加并设置敌人角色对象的触发器

（2）修改"bomb_bot 1"对象的"BombBot"脚本

在"Inspector"窗口中用鼠标左键单击脚本组件"Bomb Bot"右侧的齿轮图案，在下拉菜单中选择"Edit Script"选项，使"BombBot"脚本在 MonoDevelop 中打开处于编辑状态，添加对"Unity Engine.AI"的引用，并给"BombBot"类添加"NavMeshAgent"类型的成员变量"agent"，在"Start()"函数中获取寻路组件，具体代码如图 6-140 所示。

```
using UnityEngine;
using UnityEngine.AI;

public class BombBot: MonoBehaviour
{
    protected Animator avatar;
    bool isMoving = false;
    public bool trigger = false;
```

图 6-140　修改敌人角色的"BombBot"脚本

```
//用于存储寻路组件的变量
NavMeshAgent agent;

void Start ()
{
    avatar = GetComponentInChildren<Animator> ();
    //获取寻路组件
    agent = GetComponent<NavMeshAgent> ();
    //播放敌人角色的待命动画
    Idle ();
}


    //后面的代码省略
    .........

}
```

图6-140　修改敌人角色的"BombBot"脚本（续）

　　然后，给"BombBot"类添加"OnTriggerStay()"函数，在该函数中将"Player"对象的位置传送给寻路组件，并播放敌人角色的行走动画。再添加"OnTriggerExit()"函数，使得当"Player"对象离开触发器范围时，"bomb_bot 1"对象不再跟踪它，并处于待命状态。具体代码如图 6-141所示。其中两个函数的形参"other"表示进入并停留在触发器范围内的对象，如果该对象的标签（Tag）为"Player"，则说明玩家控制的"Player"对象进入了"探测范围"。

```
void OnTriggerStay (Collider other)
{
    //如果停留在触发器内的对象的tag 为"Player"
    if (other.tag == "Player") {
        //将触发器范围内的"Player"对象的位置发送给寻路组件
        agent.destination = other.transform.position;
        //播放敌人角色的行走动画
        Move ();
    }
}

void OnTriggerExit (Collider other)
{
    //如果离开触发器的对象的tag 为"Player"
    if (other.tag == "Player") {
        //将寻路组件的跟踪位置设置为敌人角色自身
        agent.destination = transform.position;
        //播放敌人角色的待命动画
        Idle ();
    }
}
```

图6-141　给"BombBot"类添加"OnTriggerStay()"函数和"OnTriggerExit()"函数

　　（3）设置"Player"对象的"Tag"属性
　　为了让"BombBot"类的"OnTriggerStay()"函数和"OnTriggerExit()"函数能够发挥作用，需要将"Player"对象的"tag"属性设置为"Player"，具体设置方法如图 6-142 所示。在"Hierarchy"窗口用鼠标左键单击"Player"对象，再到"Inspector"窗口用鼠标左键单击"Tag"属性右侧的下拉菜单，选择"Player"选项，从而将"Player"对象的标签设置为"Player"。
　　（4）运行游戏查看效果
　　将"bomb_bot 1"对象移动到远处的房间内，使"Player"对象位于其触发器范围之外，然后运行游戏，当玩家操控"Player"对象接近"bomb_bot 1"对象时，"bomb_bot 1"对象会主动接近并跟踪"Player"对象，而当"Player"对象离开"bomb_bot 1"对象的触发器范围后，"bomb_bot

1"对象会停止跟踪并处于待命状态。

图 6-142 设置游戏角色的 Tag 属性

6.6.3 敌人被摧毁功能的实现

敌人被激光击中时发生爆炸，即被摧毁。该功能通过分别修改敌人的脚本"BombBot.cs"和主角的脚本"PlayerShootUserControl"来实现。

1. 对脚本"BombBot.cs"的修改

修改的目的是为"BombBot"类增加一个当敌人被击中时要调用的成员函数"BeHit()"，具体操作方法为：在"Hierarchy"窗口用鼠标左键单击"bomb_bot 1"对象，到"Inspector"窗口找到"Bomb Bot"组件，用鼠标左键单击组件右侧的齿轮按钮，在下拉菜单中选择"Edit Script"选项，在 MonoDevelop 中打开脚本"BombBot.cs"，为"BombBot"类添加成员函数"BeHit()"。在"BeHit()"函数中，调用了敌人角色"Explode"组件的"Go()"函数来实现爆炸，因此需要在"BombBot"类的声明之前添加对"Explode"类的依赖限定。具体代码如图 6-143 所示。

2. 修改脚本"PlayerShootUserControl"

修改该脚本的目的是：确保当主角瞄准敌人角色并开枪时，可以调用该敌人"BombBot"组件的"BeHit()"函数。具体操作为：在"Hierarchy"窗口用鼠标左键单击"Player"对象，到"Inspector"窗口找到"Player Shoot User Control"组件，用鼠标左键单击组件右侧的齿轮按钮，在下拉菜单中选择"Edit Script"选项，在 MonoDevelop 中打开脚本"PlayerShootUserControl"，进行三处修改。

```
using UnityEngine;
using UnityEngine.AI;

[RequireComponent (typeof(Explode))]
public class BombBot: MonoBehaviour
{
    //此处省略多行代码
    ........


    /// <summary>
    /// 当敌人被击中时调用的函数
    /// </summary>
    public void BeHit ()
    {
```

图 6-143 为敌人角色的"BombBot"脚本添加"BeHit()"函数

```
//将寻路组件设置为非激活状态，以防"炸飞"
agent.gameObject.transform.position +=
    new Vector3 (0,1,0);
agent.enabled = false;
//调用 Explode 组件的 Go 函数
GetComponent<Explode> ().Go ();
    }
}
```

图6-143 为敌人角色的"BombBot"脚本添加"BeHit()"函数（续）

（1）添加"BombBot"类型的新成员变量"enemyAimed"，用于存放被瞄准的敌人角色的
"BombBot"组件，如图6-144所示。

```
using System.Collections;
using System.Collections.Generic;
using UnityEngine;
using UnityStandardAssets.Characters.ThirdPerson;

[RequireComponent (typeof(PlayerShoot))]
[RequireComponent (typeof(ThirdPersonUserControl))]
[RequireComponent (typeof(ThirdPersonCharacter))]
public class PlayerShootUserControl : MonoBehaviour
{
    //此处省略多行代码
    .........
    //用于存放"枪口"对象的激光控制组件
    LaserShooting laser;
    //用于存放被瞄准的敌人角色的 BombBot 组件
    BombBot enemyAimed;

    //后面的代码省略
    .........

}
```

图6-144 添加"BombBot"类型的成员变量"enemyAimed"

（2）在"GetAimHAmount ()"函数中在射线检测的"层遮罩"中添加敌人所在的"Enemy"
层从而确保主角能够瞄准敌人；此外为了避免将敌人的触发器误判为敌人本身，在进行射线检测
时应排除对触发器的检测；然后添加更新"enemyAimed"变量值的代码。具体代码如图6-145
所示。

```
//利用射线获取用户鼠标所指位置并计算使角色转向该位置的旋转量
float GetAimHAmount ()
{
    float amount = 0;
    RaycastHit hit = new RaycastHit ();
    if (Physics.Raycast (
        m_Cam.ScreenPointToRay (Input.mousePosition), out hit,
        Mathf.Infinity,
        LayerMask.GetMask ("Envirenment", "Enemy"),
        QueryTriggerInteraction.Ignore)) {
        //更新 enemyAimed 变量
        if (hit.collider.gameObject.layer ==
        LayerMask.NameToLayer ("Enemy")) {
```

图6-145 在"GetAimHAmount"函数中增加更新"enemyAimed"变量值的代码

```
//如果被瞄准的是敌人角色，则获取其 BombBot 组件
enemyAimed = hit.collider.gameObject.
    GetComponentInParent<BombBot> ();
} else {
    //否则 enemyAimed 取空值，表示瞄准的不是敌人角色
    enemyAimed = null;
    //后面的代码省略
    .........
}
//返回旋转量
return amount;
}
```

图6-145　在"GetAimHAmount"函数中增加更新"enemyAimed"变量值的代码（续）

（3）在"Update ()"函数中添加图6-146所示的代码，用于判断当玩家控制角色开枪的瞬间所瞄准的是否为敌人，如果答案为"是"则调用敌人"BombBot"组件的"BeHit()"函数。

```
//在 Update 函数中控制举枪、放下枪和开枪
void Update ()
{
    //此处省略多行代码
    .........
    //在举枪状态下
    if (m_IsShooting) {
        //更新 IK 信息以调整双手的姿势
        UpdateIKInfo ();
        //如果鼠标左键被按下，则让角色开枪
        if (Input.GetMouseButton (0)) {
            if (Vector3.Angle (transform.forward,
                m_mouse3DPosition - transform.position) < 90f) {
                //此处省略多行代码
                .........
                //发射激光
                laser.Shoot ();
                //如果瞄准的是敌人，则调用其 BeHit 函数
                if (enemyAimed != null) {
                    enemyAimed.BeHit ();
                }
            }
        }
    }
}
```

图6-146　在"Update()"函数中添加调用成员变量"enemyAimed"的"BeHit()"函数的代码

此时运行游戏，控制主角向敌人射击，会使敌人发生爆炸从而被摧毁。

6.6.4　敌人自爆并对主角造成伤害的实现

1. 实现步骤分析

当敌人足够接近主角时会主动"自爆"，从而对主角造成伤害。此功能可通过以下五个步骤实现。

第一步，为主角设置一个新的脚本组件"Player"，用于处理其生命值相关的功能，其中包括受到伤害时要调用的函数"BeHit()"、死亡时要调用的"Dead()"函数。

第二步，引入新的动画用于表现主角受到伤害及死亡的情景。

第三步，为了实时显示主角的生命值，需要增加新的 UI 对象及其管理组件。

第四步，修改主角的"Player"组件，将新引入的动画及界面与主角的生命状态进行关联。

第五步，为敌人添加一个新的触发器并修改敌人的"BombBot"组件，在主角进入触发器范围的瞬间判断敌人和主角的距离，如果距离足够近则敌人主动自爆并调用主角"Player"组件的"BeHit()"函数。

2. 设计主角的脚本组件"Player"

（1）创建 C#脚本"Player"

在"Project"窗口的文件路径"Assets\Scripts\"下，用鼠标右键单击空白处，在弹出菜单中选择"Create->C# Script"选项，创建出新脚本文件并命名为"Player.cs"，然后在"Hierarchy"窗口用鼠标左键单击主角对象"Player"，再用鼠标左键将新脚本"Player.cs"拖曳到"Inspector"窗口，从而将脚本组件"Player"加载到"Player"对象上。然后用鼠标左键双击"Project"窗口中的脚本文件"Player.cs"，使其在 MonoDevelop 中打开，进入编辑模式。

（2）为"Player"类添加成员变量

为"Player"类添加成员变量，并在"Start()"函数中进行初始化，其中"hitPointRatio"变量和"body"变量用于实现主角被爆炸伤害时的"弹开"效果，此外要添加对"UnityStandardAssets. Characters.ThirdPerson"的引用，并且添加对"PlayerShootUserControl"类和"ThirdPerson-UserControl"类的依赖限定，以确保主角死亡时可以将上述两个组件设置为非激活状态，具体代码如图 6-147 所示。

```
using UnityEngine;
using UnityStandardAssets.Characters.ThirdPerson;

[RequireComponent (typeof(PlayerShootUserControl))]
[RequireComponent (typeof(ThirdPersonUserControl))]
public class Player : MonoBehaviour {
    //最大生命值
    [SerializeField] int maxLife = 100;
    //用于辅助实现爆炸"弹开"效果的系数
    [SerializeField] float hitPointRatio = 20f;
    //生命值
    int life;
    //用于存储主角的刚体组件
    Rigidbody body;

    void Start () {
        //初始化
        life = maxLife;
        body = GetComponent<Rigidbody> ();
    }

}
```

图 6-147　"Player"类的成员变量和"Start()"函数

（3）为"Player"类添加成员函数

为"Player"类添加主角受伤害时要调用的"BeHit()"函数和死亡时要调用的"Dead()"函数，具体代码如图 6-148 所示。

3. 导入新动画资源并修改主角的动画器

通过设计动画控制器"Player"的"BeHit"层，使得主角在受到伤害以及死亡时能够做出对应的动作，并且不影响原有的其他动画。

```
/// <summary>
/// 受到伤害时调用的函数
/// </summary>
/// <param name="points">受到的伤害点数</param>
/// <param name="hitDir">"弹开"的方向.</param>
public void BeHit(int points,Vector3 hitDir){
    life -= points;
    //爆炸伤害对主角造成一个"弹开"效果
    body.AddExplosionForce (points*hitPointRatio,
        transform.position - hitDir, Vector3.Magnitude(hitDir)*2f);
    if (life <= 0) {
        //如果生命值小于等于0,则主角死亡
        life = 0;
        Dead ();
    }
}

//主角死亡时调用的函数
void Dead(){
    //主角死亡后不再受控制
    GetComponent<PlayerShootUserControl> ().enabled = false;
    GetComponent<ThirdPersonUserControl> ().enabled = false;
}
```

图6-148 "Player"类的"BeHit()"函数和"Dead()"函数

（1）导入动画资源并设置动画类型

在"Project"窗口的文件路径"Assets\"下单击鼠标右键，在弹出菜单中选择"Import Package->Custom Package"选项，在弹出的文件选择窗口中定位到本章素材文件"Mode. unitypackage"后单击"打开"按钮，再在弹出的"Import Unity Package"窗口中单击右下角的"Import"按钮，开始载入动画资源包。载入完成后，可以在"Project"窗口的文件路径"ImportAssets\mode\"下找到模型文件"WomanWarrior.FBX"，该文件包含了可用在主角身上的"受伤害"和"死亡"两个动画。

在"Project"窗口用鼠标左键单击新导入的模型文件"WomanWarrior.FBX"，在"Inspector"窗口选择"Rig"选项卡，将"动画类型（Animation Type）"设置为"Humaniod"，并单击右下方的"Apply"按钮确认修改，如图6-149所示。

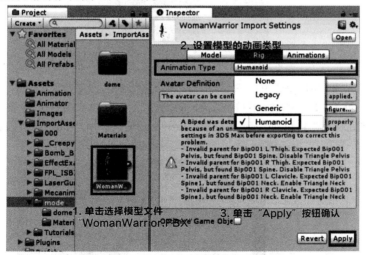

图6-149 设置新导入模型文件的动画类型

（2）在动画控制器"Player"中添加新的参数

在"Hierarchy"窗口用鼠标左键单击"Player"对象，再到"Inspector"窗口找到"Animator"

组件，用鼠标左键双击"Controller"属性的值"Player"从而打开"Animator"窗口，使动画控制器"Player"处于编辑状态。

在"Animator"窗口中，用鼠标左键单击左上角的"Parameters"按钮切换到"参数视图"，单击"+"号并在下拉菜单中选择"Trigger"添加一个新的"Trigger"参数，命名为"BeHit"；重复上述过程，再创建一个"Trigger"参数并命名为"Dead"。操作过程如图6-150所示。

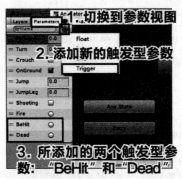

图6-150　在动画控制器"Player"中添加新的参数

（3）在动画控制器"Player"中添加新的层

在"Animator"窗口中，用鼠标左键单击左上角的"Layers"按钮切换到"层视图"，单击"+"号添加一个新的层，并命名为"BeHit"，操作过程如图6-151所示。然后用鼠标单击"BeHit"层的齿轮图案，在弹出窗口中设置"Weight（权重）"属性的值为1。

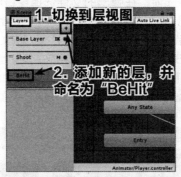

图6-151　在动画控制器"Player"中添加新的层

（4）在动画控制器"Player"的"BeHit"层中添加空状态并设置为默认状态

在右侧的空白处单击鼠标右键，在弹出菜单中选择选项"Create State->Empty"，创建一个空状态，这个最新添加的状态将呈现金黄色，成为"BeHit"层的默认状态，操作过程如图6-152所示。

图6-152　在动画控制器"Player"的"BeHit"层中添加空状态

（5）在动画控制器"Player"的"BeHit"层中添加"Hit"和"Death"两个状态

到"Project"窗口的文件路径"Assets\ImportAssets\mode\"下，用鼠标左键单击模型文件"Woman Warrior.FBX"图标上的三角形按钮展开模型，找到"Hit"和"Death"两个动画片段，将它们用鼠标左键分别拖曳到"Animator"窗口的"BeHit"层中，创建"Hit"和"Death"两个状态。具体操作如图6-153所示。

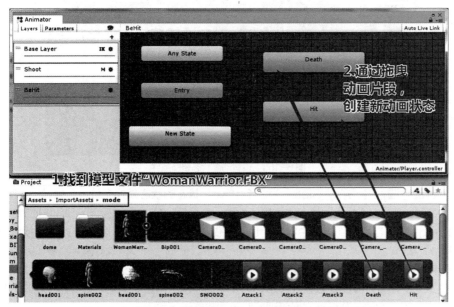

图6-153　通过拖曳动画片段在"BeHit"层中添加新的动画状态

（6）在动画控制器"Player"的"BeHit"层中添加状态转换连线

在"Animator"窗口"BeHit"层的"Any State"状态上单击鼠标右键，在弹出菜单中选择"Make Transition"进入状态转换设置状态，然后将鼠标移到"Death"状态上单击鼠标左键，创建一个从"Any State"状态到"Death"状态的状态转换连线。用同样的方法，创建"Any State"状态到"Hit"状态的转换连线，以及"Hit"状态转换到"New State"状态的转换连线。具体操作如图6-154所示。

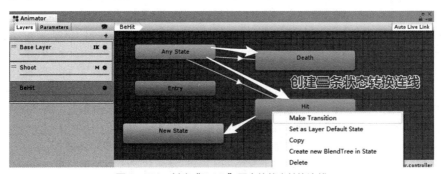

图6-154　创建"BeHit"层中的状态转换连线

（7）在动画控制器"Player"的"BeHit"层中设置状态转换条件

在"Animator"窗口的"BeHit"层中，用鼠标左键单击"Any State"状态到"Death"状态的状态转换连线，再到"Inspector"窗口找到"Conditions"列表，单击"+"号添加新条件，并将条件设置为"Dead"参数。完成此操作后，当"Dead"参数被触发时，主角会从任意状态切换到死亡状态，也就是做出死亡的动作，并且保持死亡状态。具体操作过程如图6-155所示。

221

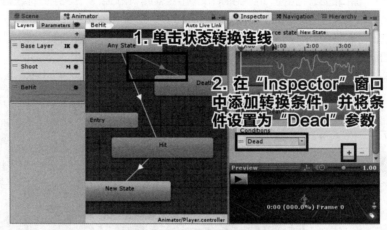

图6-155　设置动画状态转换条件

依照同样的方法，将"Any State"状态到"Hit"状态的状态转换条件设置为"BeHit"参数，而"Hit"状态到"New State"状态的转换条件则保持为空。完成操作后，当"BeHit"参数被触发时，主角会从任意状态切换到被击中状态，也就是做出受伤害的动作，然后无条件转换到无动作的"New State"状态。

4. 设计用于显示主角生命值的界面元素

为了使敌人的伤害效果能够被直观展示，需要增加显示主角生命值的界面元素，在本项目中，采用文字显示主角的生命值，并设计界面管理器对界面功能进行管理。

（1）复制出新的界面对象"Cavas (1)"并删除其子对象

在"Hierarchy"界面用鼠标单击已有的界面对象"Cavas"，然后按键盘组合键"Ctrl+D"，复制出一个新的界面对象"Cavas (1)"，从而保证新界面对象的"Cavas Scaler"组件的设置与原界面对象一致。在"Hierarchy"界面中展开"Cavas (1)"对象，在按住键盘"Ctrl"键的同时用鼠标左键单击"Cavas (1)"对象的三个子对象"Left""Right"和"OK"，然后按键盘上的"Delete"键将三个子对象删除。

（2）为"Cavas (1)"对象添加文字子对象并设置文字内容及格式

在"Cavas (1)"对象上单击鼠标右键，在弹出菜单中选择"UI->Text"选项，为"Cavas (1)"对象创建出文字子对象"Text"，然后到"Inspector"窗口找到"Rect Transform"组件，将"Height"属性设置为50；再找到"Text"组件，将"Text"属性设置为"生命值"，将"Font Size"属性设置为28，将"Alignment"设置为"右对齐"和"上下居中"，"Color"属性设置为红色。在"Hierarchy"窗口用鼠标左键双击"Cavas (1)"对象，再到"Scene"窗口用鼠标单击上方的"2D"按钮将画面切换到二维视角，用鼠标滚轮调整视角范围使"Scene"窗口能够显示"Cavas (1)"对象的整体状况，再回到"Hierarchy"窗口用鼠标单击"Cavas (1)"对象的子对象"Text"，到"Scene"窗口利用平移工具将"Text"对象移动到"Cavas (1)"对象范围的左上角。操作过程如图6-156所示。

在"Hierarchy"窗口用鼠标单击"Cavas (1)"对象的子对象"Text"，按键盘组合键"Ctrl+D"，复制出新的界面文字对象并将其更名为"Life"，在"Inspector"窗口将"Life"对象的"Text"组件的"Alignment"属性设置为"左对齐"和"上下居中"，在"Scene"窗口中利用平移工具将"Life"对象平移到"Text"对象的右侧，如图6-157所示。

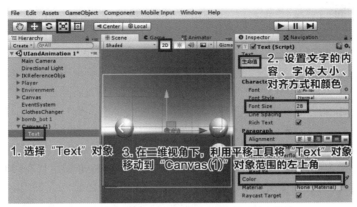

图 6-156　设置新建的文字界面元素的属性和位置

（3）设计界面管理器脚本"UIManager"

到"Project"窗口的文件路径"Assets\Scripts\"下的空白处单击鼠标右键，在弹出菜单中选择"Create->C# Script"选项，创建新的 C#脚本文件并命名为"UIManager"，用鼠标左键双击"UIManager"脚本，在 MonoDevelop 中打开该脚本进入编辑状态。先要在"UIManager"类的定义之前添加对"UnityEngine.UI"的引用，再添加"Text"类型的成员变量"life"用于存储游戏场景中文字界面元素"Life"对象的"Text"组件，然后添加公开成员函数"UpdateLife()"用于显示的生命值，具体代码如图 6-158 所示。

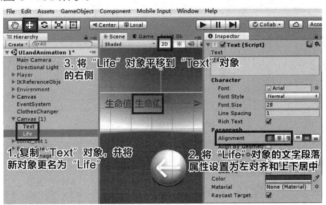

图 6-157　复制出文字界面元素"Life"并设置其属性和位置

```csharp
using UnityEngine;
using UnityEngine.UI;

public class UIManager : MonoBehaviour {

    //用于存储显示生命值的文字对象的 Text 组件
    [SerializeField] Text life;

    /// <summary>
    /// 用于更新界面所显示生命值的函数
    /// </summary>
    /// <param name="point"> 要显示的生命值点数</param>
    public void UpdateLife(int point){
        life.text = point.ToString ();
    }
}
```

图 6-158　界面管理器类的设计

（4）将脚本"UIManager"加载到"Cavas (1)"对象上并设置其属性

完成代码编写后，按组合键"Ctrl+S"保存脚本，到 Unity 的"Hierarchy"窗口用鼠标左键单击界面对象"Cavas (1)"，再到"Project"窗口将新创建并编写完成的脚本"UIManager"用鼠标左键拖曳到"Inspector"窗口的空白处，为"Cavas (1)"对象创建"UIManager"组件，然后回到"Hierarchy"窗口将"Cavas (1)"对象的子对象"Life"用鼠标左键拖曳到"UIManager"组件的"Life"属性上完成赋值，从而使"Cavas (1)"对象可以控制界面上所显示的生命值。操作过程如图6-159所示。

（5）将"Cavas (1)"对象的激活状态与"OK"按钮关联

为了让生命值在变装阶段不显示，还需将"Cavas (1)"对象添加到"OK"按钮对象的"On Click ()"列表中，只有当"OK"按钮被按下，"Cavas (1)"对象才由非激活状态转换为激活状态。到"Hierarchy"窗口用鼠标左键单击"Cavas (1)"对象，再到"Inspector"窗口将激活状态取消，如图6-160所示。

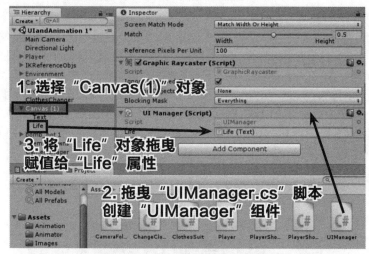

图6-159　创建并设置界面管理器组件

图6-160　将"Canvas (1)"对象设置为非激活状态

在"Hierarchy"窗口用鼠标左键单击"Canvas"对象的子对象"OK"，到"Inspector"窗口找到"Button"组件的"On Click ()"列表，用鼠标左键单击列表下方的"+"号添加一个新的列表项，从"Hierarchy"窗口将"Cavas (1)"对象用鼠标左键拖曳赋值给新列表项，并在表项右侧的下拉菜单中选择"GameObject->SetActive(bool)"选项，从而将"Cavas(1)"对象的"GameObject.SetActive()"函数设置为对应的回调函数，下拉菜单下方的复选框保持勾选状态，以确保回调函数传入的实参的值为"True"。具体操作过程如图6-161所示。

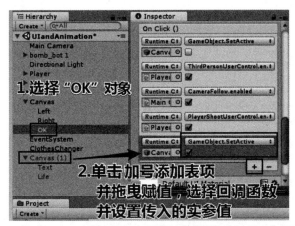

图6-161 将"Canvas (1)"对象添加到"OK"按钮的"OnClick"事件列表中

5. 修改"Player.cs"脚本并设置"Player"对象的"Player"组件

需要修改脚本"Player.cs",将主角的状态和新添加的动画及界面元素关联起来。在"Project"窗口的文件路径"Assets\Scripts\"下,用鼠标左键双击脚本文件"Player.cs",在MonoDevelop中打开该脚本。

给"Player"类添加"UIManager"类型的成员变量"ui"和"Animator"类型的成员变量"animator",并在"Start()"函数中初始化这两个成员变量以及初始化界面所显示的生命值。此外,还需要添加在主角死亡时触发的事件对象"on Dead",为此需要在脚本开头添加对命名空间"Unity Engine. Events"的引用。具体代码如图6-162所示。

```
using UnityEngine;
using UnityEngine.Events;
public class Player : MonoBehaviour {
    //最大生命值
    [SerializeField] int maxLife = 100;
    //用于辅助实现爆炸"弹开"效果的系数
    [SerializeField] float hitPointRatio = 20f;
    //用于存储界面管理器
    [SerializeField] UIManager ui;
    //在主角死亡时触发的事件
    public UnityEvent OnDead;
    //用于存储动画器
    Animator animator;
    //生命值
    int life;
    //用于存储主角的刚体组件
    Rigidbody body;

    void Start () {
        //初始化
        life = maxLife;
        body = GetComponent<Rigidbody> ();
        animator = GetComponent<Animator> ();
        //初始化界面所显示的生命值
        ui.UpdateLife (life);
    }
    //后面的代码省略
    .........

}
```

图6-162 给"Player"类添加新成员变量并初始化

在"BeHit()"函数中添加使主角受伤害时做出对应动作并更新界面所显示生命值的代码，具体代码如图6-163所示。

```
/// <summary>
/// 受到伤害时调用的函数
/// </summary>
/// <param name="points">受到的伤害点数</param>
/// <param name="hitDir">"弹开"的方向。</param>
public void BeHit(int points,Vector3 hitDir){
    life -= points;
    //爆炸伤害对主角造成一个"弹开"效果
    body.AddExplosionForce (points*hitPointRatio,
        transform.position - hitDir, Vector3.Magnitude(hitDir)*2f);
    if (life <= 0) {
        //如果生命值小于等于0，则主角死亡
        life = 0;
        Dead ();
    } else {
        //做出受伤害的动作
        animator.SetTrigger ("BeHit");
    }
    //更新界面所显示的生命值
    ui.UpdateLife (life);
}
```

图6-163　在"Player"类的"BeHit()"函数中增添代码

在"Dead()"函数中添加使主角死亡时做出对应动作的代码，具体代码如图6-164所示。

```
//主角死亡时调用的函数
void Dead(){
    //主角死亡后不再受控制
    GetComponent<PlayerShootUserControl> ().enabled = false;
    GetComponent<ThirdPersonUserControl> ().enabled = false;
    //做出死亡的动作
    animator.SetTrigger ("Dead");
}
```

图6-164　在"Player"类的"Dead()"函数中增添代码

保存脚本，回到Unity界面，在"Hierarchy"窗口用鼠标左键单击"Player"对象，再到"Inspector"窗口查看"Player"组件，可以发现多出一个未赋值的"UI"属性，这正对应在"Player.cs"中添加的"UIManager"类型的成员变量"ui"，从"Hierarchy"窗口将"Cavas (1)"对象用鼠标左键拖曳到"Inspector"窗口，赋值给"Player"组件的"UI"属性，完成赋值。具体操作过程如图6-165所示。

图6-165　将界面管理组件赋值给"Player"对象"Player"组件的"UI"属性

6. 为敌人添加新触发器

在"Hierarchy"窗口用鼠标左键单击敌人对象"bomb_bot 1",再到"Inspector"窗口单击按钮"Add Component",在下拉菜单中选择"Physics->Sphere Collider"选项,从而在"bomb_bot 1"对象上添加一个"Sphere Collider"组件,如图6-166所示。

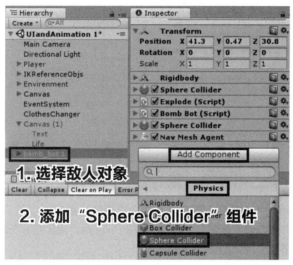

图6-166 为敌人角色添加新的"Sphere Collider"组件

在"Inspector"窗口中将新添加的"Sphere Collider"组件的"Radius"属性设置为2,"Is Trigger"属性设置为"true"(勾选)。此时在"Scene"窗口可以看到敌人对象周围出现了一个半径为2的绿色的球体边框,这个边框即为新添加的触发器,如图6-167所示。

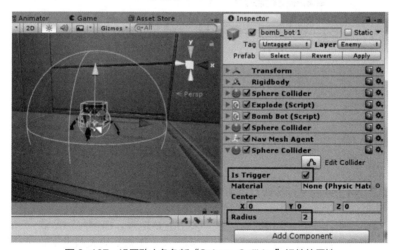

图6-167 设置敌人角色新"Sphere Collider"组件的属性

7. 修改"BombBot"脚本

在"BombBot"脚本中添加"OnTriggerEnter()"函数,并在该函数中调用"Explode"类的"Go()"函数和"Player"类的"BeHit()"函数,才能够最终实现自爆并造成伤害的功能。在"Hierarchy"窗口用鼠标左键单击敌人对象"bomb_bot 1",在"Inspector"窗口找到"BombBot"组件,用鼠标左键单击组件右侧的齿轮图标,在下拉菜单中选择"Edit Script"选项从而在MonoDevelop中打开"BombBot.cs"脚本。

添加两个与输出伤害相关的成员变量，其中"explodDistance"表示敌人触发"自爆"时与主角之间的距离，"explodDamage"表示"自爆"所输出的伤害值，如图6-168所示。

```
public class BombBot: MonoBehaviour
{
    //发动"自爆"时与跟踪目标的距离
    [SerializeField] float explodDistance = 5f;
    //"自爆"输出的伤害值
    [SerializeField] float explodDamage = 40f;

    protected Animator avatar;
    //后面的代码省略
    .........

}
```

图6-168　在"BombBot"类中添加输出伤害相关成员变量

如图6-169所示，添加新成员函数"OnTriggerEnter()"，当主角进入敌人的触发器的瞬间该函数会被系统调用。由于敌人具有两个触发器，一个用于寻路跟踪主角，另一个用于探测"自爆"时机，因此在"OnTriggerEnter()"中需要判断敌人与主角之间的距离是否小于"explodDistance"变量的值，如果答案为"是"则发动"自爆"，并调用主角"Player"组件的"BeHit()"函数同时将伤害值"explodDamage"作为实参传递给该函数。

```
void OnTriggerEnter (Collider other)
{
    if (other.tag == "Player" &&
        Vector3.Distance (
            transform.position, other.transform.position) <= explodDistance) {
        //如果已经足够接近目标
        //防"炸飞"
        agent.gameObject.transform.position += new Vector3 (0,1,0);
        agent.enabled = false;
        //发动"自爆"
        GetComponent<Explode> ().Go ();
        //同时输出伤害
        other.GetComponent<Player> ().BeHit ((int)explodDamage,
            other.transform.position - transform.position);
    }
}
```

图6-169　在"BombBot"类中添加输出伤害的代码

6.6.5　试运行并验证本节功能

在"Hierarchy"窗口用鼠标单击敌人对象"bomb_bot 1"，按键盘组合键"Ctrl+D"两次，复制出两个新的敌人对象，然后到"Scene"窗口利用平移工具将新敌人对象摆放到不同的位置，如图6-170所示。

运行游戏，在完成换装后单击"OK"按钮，操控主角瞄准敌人角色并开枪，会使敌人爆炸；如果主角接近敌人一定距离以内，敌人会主动追击主角，并且在靠近主角后主动"自爆"，使主角做出受伤害的动作且生命值减少；当主角生命值为0时，主角将会做出死亡倒地的动作，并不可再操控，如图6-171所示。

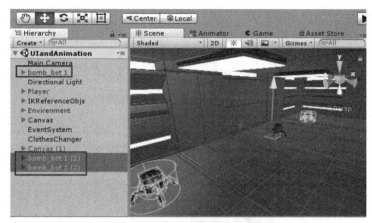

图6-170　复制并摆放新的敌人角色

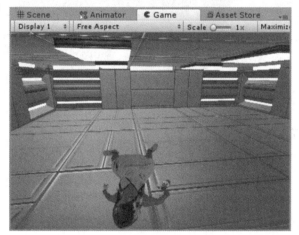

图6-171　当生命值为 0 时主角死亡

6.7 游戏管理功能的设计

设计游戏管理的主要目的是保证游戏按照事先约定的规则顺利运行，并得到预期的结果。本项目的游戏管理涉及：敌人的产生管理，游戏过程中已产生敌人数量、场景中现存敌人数量的统计，游戏输赢的判定。其中，敌人的产生管理可以通过设计"敌人出生点"来实现，数据统计和输赢判定可以通过设计"游戏管理器"来实现，并且可以利用 Unity 的事件机制来实现多个"敌人出生点"、"敌人"对象和"游戏管理器"之间的通信从而减少类与类之间的耦合。

6.7.1 游戏规则

本项目的游戏规则为：场景中有多个诞生点，每隔一段时间敌人会从出生点出现，前后总共会出现 40 个敌人但场景中最多同时存在 10 个敌人，玩家操控主角用激光枪消灭所有敌人则游戏胜利，如果在游戏过程中主角生命值下降到 0 则游戏失败。

6.7.2 敌人出生点的设计

根据游戏规则，敌人角色从出生点"出现"在游戏里，而不是事先添加到游戏场景中，因此需要将场景中添加了寻路、被摧毁、自爆三个功能的敌人角色"bomb_bot 1"存储为预制体，然后设计"出生点"对象及其对应的脚本组件，在脚本中利用"GameObject"类的"Instantiate()"函数将"bomb_bot 1"的预制体复制并放置在"出生点"所处的位置，从而实现基本功能。在此基础上，利用协程实现按一定的时间间隔产生敌人的功能，利用事件机制实现信息传送的功能。

1. 制作敌人预制体

在"Hierarchy"窗口用鼠标左键将敌人角色对象"bomb_bot 1"拖曳到"Project"窗口的文件路径"Assets\Prefabs\"下，创建出预制体"bomb_bot 1"，如图6-172所示。

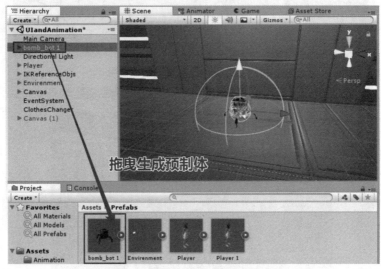

图6-172　拖曳生成敌人角色的预制体

2. 创建敌人出生点对象

在"Hierarchy"窗口用鼠标右键单击"bomb_bot 1"对象，在弹出菜单中选择"Create Empty"选项从而创建出一个空对象"GameObject"，此时"GameObject"对象为"bomb_bot 1"对象的子对象，具有与"bomb_bot 1"对象相同的位置和方向，也就是说"GameObject"具备了作为出生点的合适的位置和方向。在"GameObject"对象上单击鼠标右键，在弹出菜单中选择"Rename"选项进入更改对象名称的状态，输入对象新名称"EnemySpawn"后按"回车"键完成更名。然后用鼠标左键将"EnemySpawn"对象拖曳到"Hierarchy"窗口空白处，使之与"bomb_bot 1"对象脱离父子关系，从而获得一个独立的敌人出生点对象。最后用鼠标左键单击"Hierarchy"窗口中的bomb_bot 1"对象，按键盘上的"Delete"键将其从场景中删除。

3. 设计"敌人出生点"类"EnemySpawn"

（1）创建 C#脚本"EnemySpawn"

到"Project"窗口的文件路径"Assets\Scripts\"下的空白处单击鼠标右键，在弹出菜单中选择"Create->C# Script"选项创建新脚本并命名为"EnemySpawn"，再用鼠标左键双击脚本文件"EnemySpawn.cs"使之在 MonoDevelop 中打开进入编辑状态。

（2）编写程序代码

在"EnemySpawn"之前定义一个名为"EnemyBornEvent"的 Unity 事件类，用于在每次复制出新的敌人角色时，将其信息发送给游戏管理器。然后给"EnemySpawn"类添加必须的成员变量，具体代码如图6-173所示。

```
using System.Collections;
using UnityEngine;
using UnityEngine.Events;

//自定义可传递一个 GameObject 对象的 Unity 事件类
[System.Serializable]
public class EnemyBornEvent : UnityEvent<GameObject>
{
}

public class EnemySpawn : MonoBehaviour {

    //作为复制"模板"的敌人角色预制体对象
    [SerializeField] GameObject enemy;
    //敌人产生时触发的事件
    public EnemyBornEvent OnBornTime;
    //产生敌人的最大时间间隔
    public float maxBornInterval = 6f;
    //是否可以产生敌人的控制开关
    public bool isBornEnable = true;
    //产生敌人的计时协程对象
    Coroutine coroutine;

}
```

图 6-173 自定义事件类和"EnemySpawn"类的成员变量

创建用于复制敌人对象的"Born()"函数，并创建计时协程函数"BornTimeCount()"实现每隔一段时间调用一次"Born()"函数以实现每隔一段时间生成一个敌人对象的功能。具体代码如图 6-174 所示。

```
//用于每隔一段时间复制出敌人对象的协程函数
IEnumerator BornTimeCount(){
    //等待一段时间，长度为 maxBornInterval 的一半到 maxBornInterval 之间的随机值
    yield return new WaitForSeconds (Random.Range (maxBornInterval / 2f,
        maxBornInterval));
    //调用 Born() 函数生成敌人对象
    Born ();
    //启动下一个计时协程
    coroutine=StartCoroutine (BornTimeCount());
}

void Born(){
    if (isBornEnable) {
        //以预制体为模板，复制出新的敌人角色，并放置在出生点所处位置
        GameObject newEnemy =
            Instantiate (enemy, transform.position, transform.rotation);
        //触发事件，传送新敌人角色的信息
        OnBornTime.Invoke (newEnemy);
    }
}
```

图 6-174 "EnemySpawn"类的计时协程函数和"Born"函数

为了确保计时协程能够在"出生点"对象开始工作时被启动、在"出生点"对象转换为非激活状态时被停止，应重写"OnEnable()"函数和"OnDisable()"函数，如图 6-175 所示，这两个函数继承自父类"MonoBehaviour"，会根据"出生点"对象的状态被系统调用。

```
void OnEnable(){
    //当出生点被激活时启动计时协程
    coroutine = StartCoroutine (BornTimeCount());
}

void OnDisable(){
    //当出生点转换为非激活状态时停止协程
    StopCoroutine (coroutine);
}
```

图6-175　"EnemySpawn"类的"OnEnable()"函数和"OnDisable()"函数

4. 制作"EnemySpawn"预制体

完成脚本"EnemySpawn.cs"的代码后，按键盘组合键"Ctrl+S"保存脚本，再回到 Unity 界面的"Hierarchy"窗口用鼠标左键单击"EnemySpawn"对象使之处于被选择状态，然后到 "Project"窗口的文件路径"Assets\Scripts\"下用鼠标左键将脚本"EnemySpawn.cs"拖曳 到"Inspector"窗口，使"EnemySpawn"对象增加一个"Enemy Spawn"组件，如图 6-176 所示。

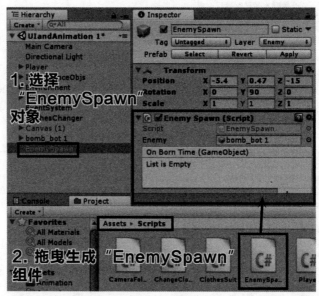

图6-176　生成"EnemySpawn"对象的"EnemySpawn"组件

此时，"Enemy Spawn"组件的"Enemy"属性为空（None），需要将敌人对象的预制体赋值 给它。不要用鼠标左键单击任何对象或文件以保持"EnemySpawn"对象的被选中状态，到"Project" 窗口的"Assets\Prefabs\"文件路径下将预制体"bomb_bot 1"用鼠标左键拖曳赋值给 "EnemySpawn"组件的"Enemy"属性，如图 6-177 所示。

到"Hierarchy"窗口将"EnemySpawn"对象用鼠标左键拖曳到"Project"窗口的"Assets\ Prefabs\"文件路径下，得到具备生成敌人角色功能的"EnemySpawn"预制体，如图 6-178 所示。

5. 在场景中放置"出生点"对象

在"Hierarchy"窗口的空白处单击鼠标右键，在弹出菜单中选择"Create Empty"选项创建一 个新的空对象并输入其名称"EnemySpawns"，将该对象作为所有出生点的父对象，到"Inspector" 窗口用鼠标左键单击"Transform"组件右侧的齿轮图案，在下拉菜单中选择"Reset"选项，使得 该对象的位置和旋转属性的分量全部为 0，缩放比例的分量全部为 1，如图 6-179 所示。

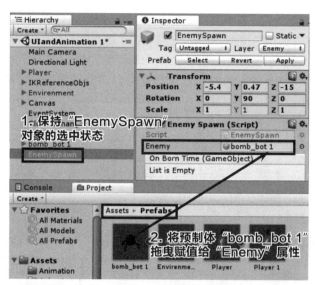

图 6-177　给 "EnemySpawn" 组件的 "Enemy" 属性赋值

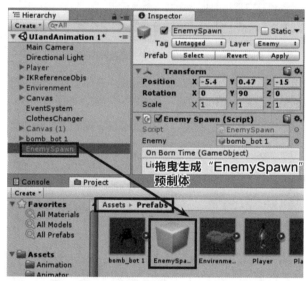

图 6-178　拖曳生成 "EnemySpawn" 预制体

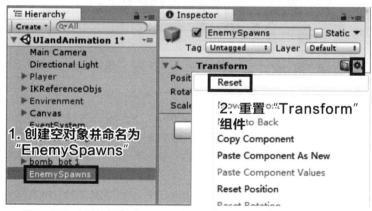

图 6-179　创建空对象 "EnemySpawns" 并重置其 "Transform" 组件

233

　　在"Project"窗口的"Assets\Prefabs\"文件路径下将预制体"EnemySpawn"用鼠标左键拖曳到"Hierarchy"窗口中的"EnemySpawns"对象上，得到敌人出生点子对象"EnemySpawn"。再到"Scene"窗口切换到正射投影顶视图并用鼠标滚轮调整视角范围使整个游戏地图显示在窗口中，然后利用平移工具将"EnemySpawn"对象移动到合适的位置并在"Inspector"窗口调整"Transform"组件"Rotation"属性的"Y"分量使之朝向合适的方向，具体操作如图6-180所示。

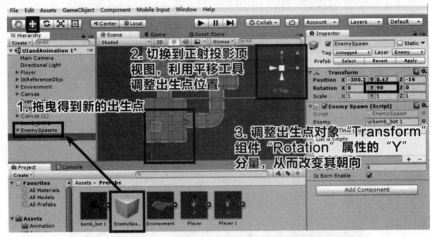

图6-180　创建出生点对象并调整其位置和朝向

　　重复上述创建敌人出生点的方法，依次生成多个出生点并放置在合适的位置并朝向合适的方向，要确保所有出生点对象都是"EnemySpawns"对象的子对象，如图6-181所示。

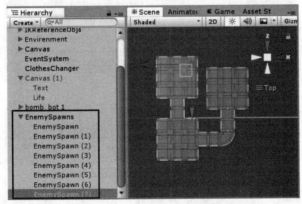

图6-181　创建多个出生点对象

6.7.3　游戏管理器的设计

1. 修改"BombBot"脚本

　　在"Project"窗口的文件路径"Assets\Prefabs\"下用鼠标左键单击预制体"bomb_bot 1"，然后到"Inspector"窗口用鼠标左键单击"BombBot"组件右侧的齿轮图标，在下拉菜单中选择"Edit Script"选项，从而使"BombBot.cs"脚本在MonoDevelop中打开处于编辑状态。在"BombBot"类中添加"UnityEvent"类型的"OnEnemyDestroy"事件变量，注意要在"BombBot"类的定义之前引用"UnityEngine.Events"。在类中添加"OnDestroy()"函数并在该函数中触发"OnEnemy-

游戏结束时的
界面提示
功能

Destroy"事件，由于"OnDestroy()"函数会在敌人角色对象被销毁时自动被调用，因此敌人角色被摧毁时必然会触发"OnEnemyDestroy"事件，从而提供了该敌人被摧毁信息的传递通道。具体代码如图6-182所示。

```
using UnityEngine;
using UnityEngine.AI;
using UnityEngine.Events;

[RequireComponent (typeof(Explode))]
public class BombBot: MonoBehaviour
{
    //在敌人角色对象被摧毁时触发的事件
    public UnityEvent OnEnemyDestroy;
    //发动"自爆"时与跟踪目标的距离
    [SerializeField] float explodDistance = 5f;
    //此处省略多行代码
    .........

    //当敌人角色被摧毁时会被系统自动调用的函数
    void OnDestroy ()
    {
        //触发自定义的 OnEnemyDestroy 事件
        OnEnemyDestroy.Invoke ();
    }
}
```

图6-182 在"BombBot"类中添加"敌人角色被摧毁事件"

2. 修改"Player"脚本

到"Project"窗口的"Assets\Scripts\"文件路径下用鼠标左键双击"Player"脚本，使之在MonoDevelop中打开处于编辑状态。在"Player"类的声明之前添加对"UnityEngine.Events"的引用，然后给"Player"类添加Unity事件"OnDead"，并在"Dead()"函数中触发该事件，如图6-183所示。

```
using UnityEngine;
using UnityStandardAssets.Characters.ThirdPerson;
using UnityEngine.Events;

[RequireComponent (typeof(PlayerShootUserControl))]
[RequireComponent (typeof(ThirdPersonUserControl))]
public class Player : MonoBehaviour {
    //最大生命值
    [SerializeField] int maxLife = 100;
    //用于辅助实现爆炸"弹开"效果的系数
    [SerializeField] float hitPointRatio = 20f;
    //用于存储界面管理器
    [SerializeField] UIManager ui;
    //在主角死亡时触发的事件
    public UnityEvent OnDead;
    //用于存储动画器
    Animator animator;
    //此处省略多行代码
    .........

    //主角死亡时调用的函数
    void Dead(){
```

图6-183 在"Player"类中添加"主角死亡事件"

```
//主角死亡后不再受控制
GetComponent<PlayerShootUserControl> ().enabled = false;
GetComponent<ThirdPersonUserControl> ().enabled = false;
//做出死亡的动作
animator.SetTrigger ("Dead");
//触发主角死亡事件
OnDead.Invoke();
    }


}
```

图6-183　在"Player"类中添加"主角死亡事件"（续）

3. 设计游戏管理类"GameManager"

到"Project"窗口的"Assets\Scripts\"文件路径下的空白处单击鼠标右键，在弹出菜单中选择"Create->C# Script"选项，创建新的C#脚本并输入名称"GameManager"，按键盘回车键确认，然后用鼠标左键双击脚本文件"GameManager.cs"使之在MonoDevelop中打开处于编辑状态。

接下来为"GameManager"类添加成员变量，注意在"GameManager"类的定义之前添加对"UnityEngine.Events"的引用，如图6-184所示。

```
using UnityEngine;
using UnityEngine.Events;

public class GameManager : MonoBehaviour {
    //用于存放场景中所有出生点的数组
    [SerializeField] EnemySpawn[] spawns;
    //将要生成的敌人角色的总数量
    [SerializeField] int maxEnemyNum;
    //场景中同时存在的敌人角色数量的最大值
    [SerializeField] int maxEnemyCountInScene;
    //场景中现存的敌人角色数量
    public int enemyCountInScene;
    //已经生成的敌人角色数量
    public int enemyBornedCount;
    //是否可以继续生成敌人角色
    public bool isBornEnable=true;
    //游戏胜利时触发的事件
    public UnityEvent OnWin;
    //游戏失败时触发的事件
    public UnityEvent OnLost;
    //游戏主角对象
    [SerializeField] Player player;

}
```

图6-184　"GameManager"类的成员变量

在"GameManager"类的"Start()"函数中侦听所有敌人生成点对象的"OnBornTime"事件，所绑定的回调函数为"EnemyBorn()"函数；侦听主角的"OnDead"事件，所绑定的回调函数为"PlayerDead()"函数。上述三个函数的具体代码如图6-185所示。

```
void Start () {
    //侦听所有出生点的OnBornTime事件
    //当OnBornTime事件触发时调用EnemyBorn函数
    foreach (var spawn in spawns) {
        spawn.OnBornTime.AddListener(EnemyBorn);
```

图6-185　"GameManager"类的"Start()"函数、"EnemyBorn()"函数和"PlayerDead()"函数

```
        }
        //侦听主角的 OnDead 事件，回调函数为 PlayerDead
        player.OnDead.AddListener(PlayerDead);
    }

    /// <summary>
    /// 有新的敌人出生时要调用的函数，
    /// 用于统计相关数量并控制是否继续生成敌人
    /// </summary>
    /// <param name="enemy">敌人角色对象</param>
    public void EnemyBorn(GameObject enemy){
        //侦听敌人角色的摧毁事件
        ListenEnemyDestroy (enemy);
        //已经生成的敌人角色数量加一
        enemyBornedCount++;
        //场景中现存的敌人角色数量加一
        enemyCountInScene++;
        if ((enemyBornedCount >= maxEnemyNum ||
            enemyCountInScene >= maxEnemyCountInScene) &&
            isBornEnable) {
            //如果已经生成的敌人角色数量或者场景中现存的敌人角色数量
            //达到上限，则关闭生成开关
            isBornEnable = false;
            //关闭每个生成点的生成开关
            foreach (var spawn in spawns) {
                spawn.isBornEnable = false;
            }
        }
    }

    //主角死亡时调用的函数
    void PlayerDead(){
        //游戏失败
        GameOver (false);
    }
```

图 6-185　"GameManager"类的"Start()"函数、"EnemyBorn()"函数和"PlayerDead()"函数（续）

　　在"EnemyBorn()"函数中调用的用于侦听敌人角色被摧毁事件的"ListenEnemyDestroy()"函数以及绑定到该事件上的回调函数"EnemyDestroy()"的具体代码如图 6-186 所示。

　　"EnemyDestroy()"函数中，游戏结束时调用的"GameOver()"函数的功能为：根据传入实参的值触发游戏胜利或者失败的事件。具体代码如图 6-187 所示。

```
    //用于绑定侦听敌人角色对象被摧毁事件的函数
    void ListenEnemyDestroy(GameObject enemy){
        //将 EnemyDestroy 函数绑定在敌人角色 BombBot 组件
        //的 OnEnemyDestroy 事件上
        enemy.GetComponent<BombBot> ().
        OnEnemyDestroy.AddListener(EnemyDestroy);
    }

    //敌人角色对象被摧毁事件的回调函数
    public void EnemyDestroy(){
        //场景中现存的敌人角色数量减一
        enemyCountInScene--;
        if (enemyCountInScene < maxEnemyCountInScene &&
            enemyBornedCount < maxEnemyNum &&
            !isBornEnable) {
```

图 6-186　"GameManager"类的"ListenEnemyDestroy()"函数和"EnemyDestroy()"函数

```
//如果已经生成的敌人角色数量或者场景中现存的敌人角色数量
//均未达到上限，并且生成开关处于关闭状态，则打开生成开关
isBornEnable = true;
//打开每个生成点的生成开关
foreach (var spawn in spawns) {
    spawn.isBornEnable = true;
}
}
if (enemyCountInScene <= 0 && enemyBornedCount >= maxEnemyNum) {
    //如果所有敌人都已经被消灭，则游戏胜利
    GameOver (true);
}
}
```

图6-186　"GameManager"类的"ListenEnemyDestroy()"函数和"EnemyDestroy()"函数（续）

```
//游戏结束时调用的函数
public void GameOver(bool isWin){
    if (isWin) {
        OnWin.Invoke();
    } else {
        OnLost.Invoke();
    }
}
```

图6-187　"GameManager"类的"GameOver()"函数

4. 创建"GameManager"对象

完成代码的输入后，按键盘组合键"Ctrl+S"保存脚本，回到 Unity 界面在"Hierarchy"窗口单击鼠标右键，在弹出菜单中选择"Create Empty"选项创建一个新的空对象并更改其名称为"GameManager"，从而创建游戏管理对象"GameManager"。然后从"Project"窗口的文件路径"Assets\Scripts\"下将脚本文件"GameManager.cs"用鼠标左键拖曳到"Hierarchy"窗口中的"GameManager"对象上，使"GameManager"对象具有脚本组件"GameManager"，如图6-188所示。

在"Hierarchy"窗口用鼠标左键单击"GameManager"对象确保其处于被选中状态，然后到"Inspector"窗口用鼠标左键单击右上方的锁图案，使"Inspector"窗口的显示内容锁定"GameManager"对象。再回到"Hierarchy"窗口用鼠标左键单击"EnemySpawns"对象前面的三角形使所有的敌人生成点对象都显示出来，用鼠标左键单击第一个敌人生成点对象"EnemySpawn"，按住键盘上的"Shift"键不放，用鼠标左键单击最后一个敌人生成点对象"EnemySpawn (7)"，从而选中所有敌人生成点对象，然后用鼠标左键将被选中的所有对象拖曳到"Inspector"窗口赋值给"GameManager"对象"Game Manager"组件的"Spawns"属性，使场景中所有出生点对象的"EnemySpawn"组件都存储到"Game Manager"组件的"Spawns"数组中。再次用鼠标左键单击"Inspector"窗口右上方的锁图案使其解锁。上述操作过程如图6-189所示。

将"GameManager"对象"Game Manager"组件的"Max Enemy Num"属性设置为40，"Max Enemy Count In Scene"属性设置为10，"Is Born Enable"属性设置为"true"（勾选）。具体设置如图6-190所示。

将"Hierarchy"窗口中的主角"Player"对象，用鼠标左键拖曳赋值给"GameManager"对象"Game Manager"组件的"Player"属性，如图6-191所示。

图 6-188　创建 "GameManager" 对象并加载 "Game Manager" 脚本组件

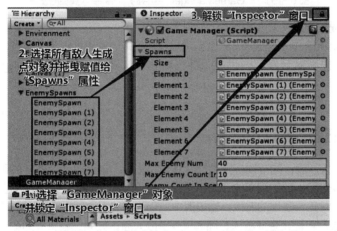

图 6-189　将所有敌人生成点对象拖曳赋值给 "Game Manager" 组件的 "Spawns" 数组属性

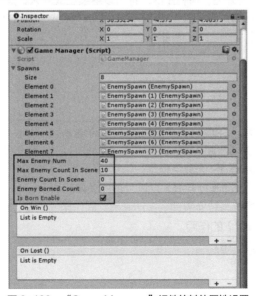

图 6-190　"Game Manager" 组件的其他属性设置

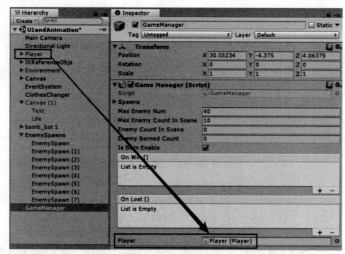

图6-191　"GameManager"组件的"Player"属性的设置

5. 游戏结束的界面元素

可以参照上一个项目介绍的方法，分别创建胜利和失败时的界面元素，修改界面管理器添加游戏胜利和失败时控制界面显示内容的函数，然后将它们绑定到"GameManager"对象"Game Manager"组件的事件属性"On Win()"和"On Lost()"上，从而实现在游戏结束时更新界面显示内容的功能。

6.7.4　运行游戏验证功能

此时运行游戏，按照设计的游戏规则进行游戏，可以从"Inspector"窗口中观察"Enemy Count In Scene（场景中现存敌人的数量）""Enemy Borned Count（已经生成的敌人总量）"以及"Is Born Enable（生成开关）"三个属性的变化，当场景中现存敌人数量达到限定的 10 个时，则生成开关会自动关闭，所有生成点将停止生成敌人；而消灭一些敌人后，如果已经生成的敌人总量没有达到限定的 40 个时，则生成开关自动开启，所有生成点都可以继续生成敌人；如果已经生成的敌人总量达到限定的 40 个，则生成开关保持关闭，各生成点不再生成新的敌人。当所有敌人被消灭则"On Win()"事件会触发，当主角死亡则"On Lost()"事件会触发。

6.8 本章小结

（1）本章涉及的知识点

① 交互界面的画布对象"Canvas"和按钮对象"Button"。

② 交互界面对象的"On Click"事件。

③ 动画类型为"Humanoid"的角色模型。

④ 动画器"Animator"、动画控制器、动画片段的关系和作用。

⑤ 动画状态转换图中的状态转换原理，多动画层共同作用的原理，动画遮罩的作用。

⑥ 游戏物体的层（Layer）的作用。

⑦ 反向动力学（IK）的作用。

（2）本章涉及的技能点

① 如何设计 UI 交互界面。

② 如何将玩家在交互界面上的操作与场景中的游戏对象的行为进行关联。

③ 如何将一个游戏角色的动画应用到另一个游戏角色身上。

④ 如何为角色的某个动作设计动画状态转换图。

⑤ 如何利用动画层和动画遮罩融合多个动画片段。

⑥ 如何通过自定义脚本实现游戏角色的动作控制。

⑦ 如何利用游戏物体的层属性来对游戏物体进行分类管理。

⑧ 如何将玩家在键盘、鼠标上的操作与场景中的游戏对象的行为进行关联。

本章所介绍的方法具有普遍性，读者可以参照 6.3 节所介绍的工作流程来实现基于其他类型 UI 界面对象的玩家与游戏对象交互的功能，还可以参照 6.4 节和 6.5 节介绍的工作流程，为角色添加更多、更复杂的动作，实现更丰富的操控角色的功能。

6.9 习题

1. 以下关于 Unity 的 UI 对象，说法错误的是（   ）。

A. "Canvas（画布）"对象是其他 UI 对象的父对象

B. "Canvas"对象"Canvas"组件的"Render Mode"属性决定了其所有 UI 子对象的渲染方式

C. "Canvas"对象"Canvas Scaler"组件的"UI Scale Mode"属性决定了其所有 UI 子对象适配不同屏幕尺寸的模式

D. 一个场景中只可以有一个"Canvas"对象

2. 以下关于"Animator"组件的说法，错误的是（   ）。

A. "Animator"组件用于控制游戏对象的动画

B. "Animator"组件的"Controller"属性用于指定动画控制状态转换图

C. 在 Unity 中录制了简单动画的游戏物体会自动添加"Animator"组件

D. 只有人形角色对象才能使用"Animator"组件

3. 以下关于动画控制状态转换图的说法，错误的是（   ）。

A. "Animator"组件必须结合动画控制状态转换图才能够工作

B. 动画控制状态转换图是扩展名为".controller"的文件，是一种 Unity 资源

C. 动画控制状态转换图中的不同"状态"对应不同的"动画片段"，状态之间的切换取决于是否有转换路径及其转换条件是否满足

D. 动画控制状态转换图中的属性用于设置状态转换条件，属性类型有"Float""Int"和"Bool"三种

4. 以下关于 Unity 自动寻路功能的说法，错误的是（   ）。

A. 要实现自动寻路功能，需要在 Unity 的"Navigation"窗口中进行寻路网格的设置并进行烘培，在烘培寻路网格之前，要在"Hierarchy"窗口选定"地图"对象

B. "地图"对象应该设置为"Navigation Static"才能烘培出寻路网格

C. 给自动寻路的对象添加"Nav Mesh Agent"组件，并在脚本中设置其"destination"属性，可以使对象自动运动到"destination"属性指定的位置上

D. "destination"属性指定的位置必须在地图对象上

5. 关于游戏角色的动作控制，以下说法错误的是（   ）。

A. 游戏角色的动作一般应该在建模软件中设计，并随角色模型一起导出到"FBX"文件中

B. 在 Unity 中无法设计游戏对象的动画

C. 动画类型为"Humanoid"的角色模型之间可以复用动画，即为角色模型 A 设计的动画也可以应用到角色模型 B 上

D. 如果希望在同一个游戏角色上同时播放两个动画，需要设计多层的动画控制状态转换图，并用"AvatarMask"决定角色身体的哪些部位播放哪个层的动画

6.10 中英文对照表

英文单词	中文释义
Animator	动画器
Animation	动画
Animation Type	动画类型
Auto Generate	自动生成
Avatar	化身
Bake	烘焙
Bool	布尔型
Clips	（动画的）片段
Condictions	条件
Copy Componen	复制组件
Global Maps	全局映射
Has Exit Time	有退出时间
Humanoid	人形的
Loop Time	时间循环
Make Transition	创建转换
Motion	动作
Navigation	导航（寻路）
New Avatar Mask	新建化身遮罩
New State	新建状态
Parameters	参数
Set as Layer Default State	设置为当前层的默认状态
Source Image	源图像
Static	静态
Trigger	触发器型
Unity Evnet	Unity 事件